智元微库
OPEN MIND

成 长 也 是 一 种 美 好

反本能

如何对抗你的习以为常

卫蓝 著

人民邮电出版社

北京

图书在版编目（ＣＩＰ）数据

反本能 ： 如何对抗你的习以为常 ／ 卫蓝著． -- 北
京 ： 人民邮电出版社，2022.7
ISBN 978-7-115-59161-6

Ⅰ．①反… Ⅱ．①卫… Ⅲ．①成功心理－通俗读物
Ⅳ．①B848.4-49

中国版本图书馆CIP数据核字(2022)第064572号

◆ 著　　　卫 蓝
责任编辑　陈素然
责任印制　周昇亮

◆ 人民邮电出版社出版发行　　北京市丰台区成寿寺路 11 号
邮编 100164　　电子邮件 315@ptpress.com.cn
网址 https://www.ptpress.com.cn
天津千鹤文化传播有限公司印刷

◆ 开本：720×960　1/16
印张：14.75　　　　　　　　2022 年 7 月第 1 版
字数：200 千字　　　　　　 2025 年 8 月天津第 17 次印刷

定　价：59.80 元

读者服务热线：（010）67630125　印装质量热线：（010）81055316
反盗版热线：（010）81055315

自序 | 走出生活舒适区，挑战未来无限可能

生物学家拉马克（Lamarck）认为，生物的进化应该包含两个方面：垂直进化（由简单到复杂）和水平进化（多样性的进化）。人类的进化过程也是如此，在垂直方向上从简单无序进化成复杂和有组织；在水平方向上从相似进化到"千人千面"。

一些跟不上进化的本能

在进化的过程中，我们一直在与我们的本能对抗。大多数动物想要生存，就不得不改掉慵懒的本能，让自己跑起来，去躲避天敌或猎取食物。狼为了更好地生存，相互之间选择合作，让出部分食物，克制自私的本能；人为了更好地生存，制定了文明的规则，克制了利己的本能。

然而，生物进化的进程并没有从根本上改变生存的基本机制。

正如英国神经科学家约翰·休林斯·杰克逊（John Hughlings Jackson）在100多年前就已经意识到的那样，物种在原有旧脑的基础上形成了精细的新脑系统。而作为基础的旧脑则更深刻地影响着我们的日常行为。换句话说，我们的大多数偏好和做出的选择源于我们的生物本能。

比如说，男性倾向于选择外表较有吸引力的女性做配偶，因为他们的生物性意识认为，这样的女性更有可能生育出较为优秀的后代。而女性则倾向于选择高挑和强壮的男性作为配偶，这样可能会给她们带来足够的安全感，因为这样的男

性看上去更能够捕获到猎物和战胜入侵者。

再好的法律，也无法防止所有犯罪；再好的个人，也有可能犯错。因为人的本能之一就是野蛮，它会让我们走向一种原始和野蛮，一种退行的生活。

人为什么更高级

动物很少做那些短期内看不到收益的事情，因为动物的本能就是及时享乐；而人类相对于其他动物更为高级，因此人会为了长远的利益而克制自己享乐的本能。

这就是人与动物最大的区别——人能够更好地克制自己的本能，为长远的利益和未来着想。如果一个人不能很好地克制自己的本能，那么他更像是在退化，在水平进化中处于劣势，更容易被这个社会淘汰。这也是战胜本能的重要性——越高级的生命越能够克制本能，越能够克制本能的人往往也更优秀。

尽管在漫长的进化过程中，人类的生物本能起到了相当重要的生存指导作用，但是随着社会环境的变化，缓慢的进化已经跟不上时代的步伐。如果我们再用我们的本能去面对这个变化越来越快的世界，那么我们可能就会慢慢被淘汰。

因此，我们要想让自己跟上时代的步伐，就需要战胜更多跟不上时代的本能反应，让自己不再用低效的方式去适应和学习，不再让愤怒冲昏头脑，不再被直觉遮蔽双眼。

卓越之路的"本能阻碍"

那么，我们该如何开展一场反本能"战争"，让自己在水平进化中有更多的优势，变得更卓越呢？

大多数人都希望自己能够变得更加美好和优秀。比如让自己看上去更健康，让自己的成绩更好，或者希望改变羞怯的性格而敢于去表达。

但事实上，很多人都没有办法实现自己的愿景。那么，到底是哪些因素影响了我们走向卓越呢？

阻碍我们走向卓越的第一个因素：认知模式的稳定性

俗话说"三岁看八十"，我们在很小的时候，就已经被外界环境塑造出了一个较为基础的认知模式，作为我们后来认知事物的模板。当遇到相似的场景时，我们便会提取以前相应的行为做出反应。

也就是说，当我们面对一个事物时，我们的行为都会采用一个"图式"，而改变的本质则是换一个"图式"。但是这个过程非常困难，因为这个"图式"已经伴随我们十几年甚至几十年。年龄越大，"图式"印刻得越久，改变的难度也就越大，所以我们也能理解为什么我们的父辈相对来说会比较固执。

我们在生活中常常会发生"首因效应"，比如对方最初给我们留下了好的印象，我们认为对方不错，后来即使对方犯了错误，我们也倾向于认为这只是偶然。

实际上这也是我们的"心理图式"比较难改变的体现。我们会将第一次与对方接触的印象作为认识对方的"心理图式"，思考关于对方的问题大多经由这个"图式"，也就是倾向于往最初印象的方向思考。

其他方面也是如此，为什么我们对"第一次"的印象都非常深刻呢？因为我们已经将"第一次"所经历的事情当作我们认识这类事物的"心理图式"，当我们遇到相似的事物时，我们会通过这个"图式"去做反应。改变之所以困难，就是因为"图式"的本能很难被改变。

阻碍我们走向卓越的第二个因素：急功近利

有些时候，我们让自己变优秀的办法本身没有问题，只是我们在付出的过程中因为看不到想要的结果过早地放弃了。

比如说，一些人想减肥，坚持运动了三天没有效果，就觉得自己的方法有问题，不断调整、不断更改，反而让自己因为疲于变化而消磨了意志。

记得以前一个朋友告诉我，她上学的时候有段时间非常努力地学习英语，但考试结果总是不理想。后来，她索性将重心放在其他科目上，没想到她的英语成绩反而突飞猛进，感觉似乎是"松懈能够提高成绩"。

事实真的如此吗？不是的。因为大多数时候，我们侧重的思维都是"同时性"，我们看到的事物是以光速传递到我们的视线中，我们的感觉是以光速传递到我们的大脑，以至于我们觉得生活中的大多数事物到被我们感觉到是同步发生的。但事实上，与我们这种惯性思维相反，我们的付出往往并不会立即带来效益，而是会存在"效益滞后性"，也就是说，改变并不会立刻发生，而是需要时间的累积才会出现效果。当自己开始放松的时候，以前的积累才开始出现成效，让人误以为是我们"玩"的状态带来的效果。

同时，我们的这种侧重"同时性"的思维也造成了我们的"短视偏向"——无法立刻看到成果，就会对可行性产生怀疑。

当我们的付出不能很快带来我们想要的结果时，我们就会怀疑和放弃。

因此，很多人没能在正确的路上坚持到成果出现，从而与优秀无缘。

阻碍我们走向卓越的第三个因素：一直停留在舒适区

足球运动员在训练时会被要求用反脚踢球，或者以最快的速度跑全场。而足球爱好者没有教练强迫，更倾向于用他们喜欢的方式去踢球，他们只是享受这个过程。

后者就是在自己的舒适区行事，所以他们的球技水平进步有限。而足球运动员被要求用各种不舒服的方式去踢球，虽然过程更艰辛，但是他们进步更大，会变得更优秀。

　　生活中也是如此。我们往往会用我们习惯的方式学习和工作，但是这很难让我们进步。这就像一道数学题有很多种解法，但是我们一直用自己最熟悉的解法去解题，并没有学会其他解法，当这道题的某个条件变了，习惯的解法可能就行不通了。

　　所以，我们也不奇怪为什么有的人有 10 年工作经验但是并没有成为专家，因为他们并不是积累了十年的经验，而是将同样的经验用了 10 年。当遭遇职业瓶颈时，他们又没有其他特长，往往只能一直停留在自己的层级中。

　　大多数人不愿意离开舒适区的一个原因是，离开舒适区往往意味着短期的效能降低，就像用不熟悉的方法解数学题会花费更多的时间。

　　过度注重效率，不愿意花精力去试错，总是用熟知的方式去完成任务，这样虽然能更快地完成当前任务，却不利于一个人的成长，不利于他变得更优秀。

"总有人会赢"

　　走向优秀的路虽然有很多本能障碍，但是依然有非常多的成功者。他们的经验可以帮助大家提高自我改变的成功率。

　　一些心理学家通过大量实验，找到了影响我们改变并变得更优秀的因素，并给出了帮助我们改变的策略。我们的改变历程，更像是现在的自己与过去的自己博弈。想要战胜对手，我们需要知道对手的下一步棋怎么走。当我们知道"过去的自己"下一步棋要怎么走时，我们就能对其进行预防性修正，达到战胜自我的目的。

　　绝大多数人缺乏的不是战胜慵懒和胆怯本能的勇气，而是改变的技巧，而这才是走向卓越的关键。

　　一些书告诉大家战胜拖延可以用"番茄工作法"、心理奖惩等方式；告诉大家想要变得会沟通，就要多去赞美，多尝试。但是他们很少告诉大家，为什么可以这么做，这么做背后的原理是什么。

这就像告诉我们一道数学题怎么做但不告诉我们为什么这么做一样，当我们遇到它的"变形"时可能就会束手无策，更不用说自己去做方法的创新了。

而这本书不仅给出了很多具有实操性的方法，还深入地解释了某些行为产生的原因和背后的根本原理。让大家可以根据原理寻找更适合自己的改变策略，而不局限于这本书提供的方式。

在互联网时代，很多人看的文字类型大多是文章，虽然这类短篇文字能让我们快速获得很多零散的知识，但也让我们的耐心在这种阅读过程中慢慢被消磨。看到有用的东西，很多人不是认真看完，而是收藏起来等有空再去阅读，实际上却很少打开自己的收藏夹。

所以，我希望大家阅读这本书时，能够真正耐下心来，不要像浏览网络文章那样匆匆看完。只有耐下心来，才能够让自己进步得更快一些。没有深度思考和训练，学到的东西往往只是"花拳绣腿"。

我们在用手机阅读的时候，并没有全身心地投入，因为手机对我们的"心理唤醒"更多体现在社交性和娱乐性方面。也就是说，即使我们认真地用手机阅读，我们可能还是带着社交和娱乐的情绪和知觉，这样做不利于获得更为深刻的知识，这种状态的知识吸收效率并不比边吃饭边阅读高。相比之下，阅读纸质书对大多数人来说更为高效，因为我们对纸质书的知觉带有更多的学习性。

另外，"干货"始终没有"鸡汤"那么容易让人接受。

"鸡汤"读起来轻松愉快，也能够"饱腹"，但是它可能并不像人想的那么有营养；而"干货"虽然读起来很烧脑，却能让人变得更加完整。

虽然这本书为了实现科普性和体现实用性，尽量不使用专业性太强的词语，但它依然是"干货"类图书，需要花费些精力才能够更好地理解。我也相信，能够认真看完这本书的人离自己的目标会更近一些。

接下来，让我们在思考和学习中，一起变得更有趣、更优秀吧！

目录 | CONTENTS

第一部分　反本能之自我提升·战胜低配的自己

第一章　根源探索·事情那么多，我们为什么总想拖延

感性 vs 理性·为什么我们不懂得克制自己　004

虚假的疲劳·为什么我们总想放弃　006

享乐的大脑·为什么我们总想玩手机　009

社会的螺丝钉·为什么事情做久了会没精神　012

不走陌生路·为什么改变总是那么困难　015

第二章　对症下药·当拖延发生时，我们如何有效应对

改变很简单·从简单开始的蝴蝶效应　019

给个进度条·看得见的进步，让改变更有效　022

有效重复·让新习惯替代坏习惯　025

心理奖惩·让改变像玩游戏一样有趣　027

有效放松·什么是正确的休息姿势　030

记忆的线索·到适合的地方，做想做的事　034

第三章　学霸模式·手机时代，如何更好地自我控制

时间黑洞·为什么我们总想刷手机信息 037

萎缩的大脑·沉迷网络社交可能让人变笨 041

接纳性对抗·如何远离手机的负面影响 043

完美计划不完美·为什么"充电"计划总是失败 046

别让思考止步·最好的办法不会一开始就出现 049

仪式感·如何更好地落实计划 052

第四章　学习的障碍·为什么付出了却没有回报

大脑的假设·它可能是台高阶超级计算机 057

知道感·知道了就代表懂了吗 059

选择性注意力·我们真的全都学到了吗 063

攀登障碍·学习也是一个打怪升级的过程 066

忘掉不开心·遗忘是大脑的自清理过程 069

愉悦的情绪·大脑效能最佳的学习状态 071

第五章　扔掉低配·高效学习的核心配置

关联的知识·灵感的来源、思维的提升 075

高效巩固·集中学习 vs 发散学习 079

疲惫的身心·大脑学习的低效率状态 081

浮躁的解除·如何更好地利用网络提升自己 084

构建知识体系·大脑认知资源的节能模式 086

第二部分　　反本能之群体接触·让自己成为高情商的人

第六章　　**不如愿的接触·社交过程中的盲区**

"听我的！"·控制欲是人际关系的"杀手"　　095

"我就知道！"·吵架时为什么总想否定对方的一切　　097

让人"变笨"的爱·为什么有人看不见恋人的缺点　　100

第七章　　**良性循环·如何建立有效的社交关系**

熟悉即安全·为什么你需要跟别人混个脸熟　　103

自我表露·信任的建立在于相互了解　　106

相对剥夺·令人反感的滥好人　　108

有效赞美·夸赞是门技术活　　110

第八章　　**沟通的艺术·怎样才能好好说话**

拒绝争执·怎样改掉爱争辩的坏毛病　　114

为何家会伤人·如何与家人亲密相处　　118

善意的释放·如何更好地与别人聊天　　123

自我实现预言·肯定别人是高效的建议方式　　128

第九章　　**相处的艺术·一个自我完善的过程**

本能干涉·如何避免无故讨厌一个人　　132

模糊的边界·如何放下自己的执念　　137

看得见的影响·如何减少我们的负面情绪　　141

面具的背后·怎样才能大致了解一个人　　146

第十章　情绪的对抗·积极情绪 vs 负面情绪

过不去的坎儿·我们为什么会沉浸于负面情绪中（一）　150

过不去的坎儿·我们为什么会沉浸于负面情绪中（二）　152

与内心谈判·接纳自己的不完美　154

被低估的影响·心理暗示的力量　156

资源的矛盾·如何减少竞争产生的焦虑感　158

第三部分　反本能之社会洞见·看到看不见的，说清想说的

第十一章　外部干扰·有哪些常见的决策陷阱

控制感的陷阱·过度乐观的人更容易"入圈套"　164

呈现的画面·为什么我们总被故事说服　166

决策在瘫痪·选择多，不一定是好事　169

群体压力·再独立的个体也会受到群体影响　171

第十二章　自我设限·我们有哪些思维盲区

潜意识的偏心·我们真的比普通人优秀吗　175

专业的错觉·专业人才存在的思维局限　178

"就是看你不顺眼"·你反对的，我都要支持　180

金字塔塔尖之外·成功者背后的无数失败者　182

要不回来的成本·坚持还是放弃，这是个问题　184

冲动是魔鬼·失去理智，定受惩罚　186

第十三章　　表达的逻辑·让别人知道你到底想说什么

表述的利器·金字塔原理　　　　　　　　　　　　　189

利器出鞘·如何利用金字塔原理　　　　　　　　　192

结论先行·让别人明白你想说什么　　　　　　　　195

经验参照·为什么好的演讲者很喜欢举例子　　　197

第十四章　　一些实战·看到事物的本质

存在的意义·人生是一场时间的旅行　　　　　　　200

社会圈层·如何更快进步　　　　　　　　　　　　203

认知局限·读了那么多书，为什么无法改变命运　208

伪科学的新衣·为什么有人相信星座　　　　　　212

偏激的言论·为什么很难看到客观的真相　　　　215

磨掉的棱角·我们是如何变得平庸的　　　　　　217

后记　　　　**对未来看得越清楚，行动越坚定**　　　　　　219

第一部分

反本能之自我提升

战胜低配的自己

读书时代，我们总是在放寒暑假时背着一包沉甸甸的书回家。想象着自己看完一本本宝典之后的提升，心里不由得产生一股自豪感。然而，背回去的书往往原封不动地背回学校，能够看完 1/10 就已经谢天谢地了。

长大后工作了，我们在一周开始之前计划好了这一周的任务，却总是到了最后一天晚上发现计划清单上的任务才完成了一小半。

我们一直在成长，人格也日臻成熟，但有些习惯却并没有随着我们成长而变好，比如拖延的习惯。拖延的惯性非常大，它带来的短暂愉悦感让我们"根本停不下来"。

当自己意识到明天就是 deadline（最后期限）时，常常会通过损害自己身体的方式去完成迫在眉睫的任务。久而久之，这种行为模式便成为我们的倾向，成为我们行为的第一准则：不到最后一刻，坚决不行动。

曾有一个对近 500 人进行的调查显示，大概有 75% 的人认为自己有一定程度的拖延习惯，将近一半的人认为不知不觉时间就不够用了。而在"占据我们日常生活时间最多的事情是什么？"这个问题中，有 70% 的人给出的答案是"玩手机"。

从这两个小问题就可以大概知道，人们做事拖延的现象有多么普遍。而手机，尤其是一些社交软件的使用，更是助长了人们的拖延。

每个人或多或少都有拖延的倾向，拖延的原因千差万别，但任何拖延原因背后都有其心理学、生理学和进化学的解释。那么，拖延的根源到底是什么呢？

接下来，让我们更为全面和透彻地认识拖延。

◆

第一章

根源探索

事情那么多，我们为什么总想拖延

———————————————————◆———————————————————

　　凡是客观存在的现象，都有其存在的根源。"知其所以然"，才能灵活地克制拖延的本能。如果我们不能看清这些根源，就无法用理性去约束我们的本能，最后只能成为本能的奴隶。

———————————————————◆———————————————————

‣ 感性 vs 理性
为什么我们不懂得克制自己

柏拉图（Plato）比喻说，人类头脑中有一位理性的御车人，驾驭着一匹桀骜不驯的马，只有用马鞭抽它、用马刺刺它才能使它就范。这句话实际上解释了人类知觉中理性与感性的关系。

心理学家普遍认为，人类大脑内部始终存在两个相互关联但又各自独立的运作系统：一个是感性面，能够对事物产生情绪，觉知痛苦和快乐，属于天性本能；另一个是理性面，也叫反思系统，能够进行深思熟虑，观察并且反思行为。

控制我们感性面的大脑区域叫边缘系统，而控制我们理性面的大脑区域被称为新大脑皮层（前脑）。心理学家保罗·D. 麦克莱恩（Paul D. MacLean）认为，在进化时间上，边缘系统比前脑出现得更早。边缘系统的作用是促使人进行有利于自身生存和物种延续的行为，同时也调节我们的本能。

而人类的生存功能是靠一个二元系统——"战斗和逃跑"来处理和实现的，它没有感觉和思考的能力，并不会从失败中学习，它的功能仅仅是执行。研究发现，人类绝大多数行为的产生都来自这个区域。

在人类进化过程中，大脑并不是新旧更替，而是在原来大脑的基础上进行构建。这也让大脑中遗留了一些原始的本能成分，这部分本能有些对人类的生存是非常重要和有益的。

弗吉尼亚大学心理学家乔纳森·海特（Jonathan Haidt）在其著作《象与骑象人》中将人类的感性面和理性面的关系做了深刻的类比阐述。他将我们的感性面比作大象，将理性面比作骑象人。骑象人懂得分析，更为高瞻远瞩，他会对大象下达行为命令，但是他对大象的控制能力时高时低，很不稳定。而我们的感性面，也就是大象，则更为庞大，而且"听不懂人话"，骑象人并不总能很好地控制它，有时甚至会束手无策。

感性面与理性面常常发生矛盾——一个渴望及时享乐，而另一个懂得克制自己。

想要让自己行动起来，则理性面需要感性面的配合。前者负责规划，后者负责执行，当它们目标一致的时候，它们的合作会很完美。

‣ 虚假的疲劳

为什么我们总想放弃

一台长时间连续工作的机械，可能因为金属疲劳现象而折断，也可能因为摩擦过度产生太多的热量而烧坏。人类也是如此，如果一直处于满负荷工作状态，我们的身心也会疲劳、生病甚至垮掉。为了减少这种问题，我们的大脑有一套自我保护机制，它会通过各种形式的提醒和行为激发，让自己恢复，或者告诉我们它累了、需要休息。大脑的自我保护机制常见的保护方式就是睡眠、遗忘、逃避和不适应反馈。

大脑的自我保护机制

美国《科学》（*Science*）杂志称：研究发现，睡眠不足可能是导致老年痴呆症的因素之一。研究人员以患有痴呆症的老鼠为对象，研究了它们的 β－淀粉样蛋白（β-amyloid protein）水平。（老年痴呆症患者脑内往往有这种蛋白沉积。）

研究显示，老鼠清醒时，其体内的 β－淀粉样蛋白水平上升，而入睡后下降。大卫·霍兹曼（David Holtzman）博士指出，当研究人员干扰老鼠睡眠时，情况会变得更糟："剥夺睡眠会明显加快 β－淀粉样蛋白的形成。"

睡眠太少，不利于大脑中 β－淀粉样蛋白的排泄，它们会慢慢在大脑中积累。而人体要分解或者排泄 β－淀粉样蛋白，就需要消耗更多的能量。

在这种状态下，我们就会难以很好地调动自身的机能，感到困倦、反应迟钝、打不起精神，工作效率会大大降低。

如果长期处于这种状态，我们的大脑就会提前"钝化"——患上大脑疾病。这就像电脑后台碎片文件越来越多，电脑的运行内存被占用，处理需要运行的程序时速度就会越来越慢，甚至经常出现死机和文件丢失一样。

大脑是一个占据身体质量大约 2% 的器官，但它需要消耗身体约 20% 的血氧和 25% 的葡萄糖。当大脑感知到身体能量下降得太快时，一方面，它会通过各种方式来增加自己的能量，减少自己的负荷，同时限制其他身体部位的能量消耗水平。比如在缺氧的时候，通过打哈欠的方式让大脑短时间内获得足够的氧气。

另一方面，大脑会限制我们的工作强度，当我们长期处于较高的压力和工作强度中时，大脑会通过各种方式让我们发现自己处于什么状态。

虚假疲劳感

如果你经常长跑，可能会有这样的经历：有时候你觉得跑得很累，再跑下去快吃不消了，脑海里不断地回响着"我跑不动了"的声音，但想到自己的跑步计划还没完成，决定咬咬牙坚持，于是继续跑下去，不知不觉中，你发现自己没那么累了，而且坚持跑到了终点。

为什么会出现这种现象呢？答案依然在于大脑对自身的保护。生理学家将我们运动中第一次感到的疲劳感称为"虚假疲劳感"（false fatigue）。

开普敦大学运动科学教授蒂莫西·诺克斯（Timothy Noakes）认为，运动过程中第一次感到疲劳往往不是因为肌肉无法继续工作了，而是大脑的自我保护机制发挥了作用。

大脑为了让身体减少能量消耗，往往倾向于让我们选择低能耗的途径去工作或学习。一旦我们要做自己不习惯的和不熟悉的事情，大脑就会将这种行为归类为高能耗行为，并给我们发出警示来限制这类行为。

这与达尔文所说的进化原则相似——照顾生存是头脑的主要任务，只要某些事情对生存有所威胁，它就会做出强烈反应。

当我们遇到非生物性需求的耗能行为时，大脑潜意识就会告诉我们不要去做。这种反馈在原始社会有非常重要的意义，因为在复杂多变的原始环境中，消耗太多的能量不利于自己接下来的捕食和逃跑。

没有足够的能量，人们不能捕获到猎物或逃脱天敌伤害，就会在自然选择中被淘汰；而没有被淘汰的也就养成了"偷懒"的天性。所以很多动物吃饱就睡，睡足就找东西吃。直到今天，这种进化遗留仍然在人类大脑中存在。

坚持就是胜利

我们在接触新事物时，因为理解新事物往往需要消耗很大的认知资源，这种不熟悉的感觉会让大脑把这种陌生的事物归类为让我们"疲劳"的东西，进而让自己退却。所以，坚持做一件让自己进步、但是不容易做到的事情时，在初期往往比较容易退缩。

俗话说"万事开头难"，原因之一就在于此。在刚开始做一件事的时候，我们会感到各种不适，非常想放弃。这就是大脑的自我保护机制在起作用，它努力让我们走低能耗路线，诱导我们去享乐，希望我们放弃努力，不要消耗太多能量。

这种对新事物产生的虚假疲劳感，往往在大脑的承受范围内。就像我们在运动过程中，大脑感受到不断升高的心率和快速减少的能量供应时会努力告诉我们自己累了，需要休息，其实这种疲劳感并不是我们的肌肉不能继续工作的表现，而只是一种情绪和感觉。

这个时候，决定我们能否坚持下去的一个重要因素就是我们对自己能力的认知程度。如果我们不够自信，就会很容易放弃；而如果我们清楚自己有能力继续坚持，就能够在坚持的过程中慢慢消除虚假疲劳感，进而让自己坚持到底。

在进行一项学习或工作任务的时候，这种虚假疲劳感会成为我们工作或学习的障碍，让我们拖延。人脑的机能保留着很多原始成分，这也注定了坚持不懈是一件很"奢侈"的事情。

享乐的大脑 ‹

为什么我们总想玩手机

从生物学的角度看，享乐是人类的本能。古希腊哲学家伊壁鸠鲁（Epicurus）也认为，快乐是生活的目的，是上天的最大善意。他认为，在符合道德和法律规章等的前提下，追求享乐是一件无可厚非的事情。

享乐是人的生物本能，就像吃饭睡觉一样不可或缺。在原始社会，能够引起人们快感和愉悦情绪的主要是性和食物。如果这两种本能不能给人们带来快感，人们就不会去做这些事，那么其结局不是饿死，就是种群灭绝。

"烂尾"的大脑

人类大脑的演化，在一开始并没有欲望的自我控制部分。心理学家加里·马库斯（Gary Marcus）在他的著作《乱乱脑》（*Kluge: The Haphazard Evolution of the Human Mind*）中提到，当大脑中形成新的结构时，为了保持我们直立行走和跑动的功能，旧的大脑结构并不会消失。

这种"边建边用"的演化策略使大脑变成了一个有点儿矛盾的场所，甚至有点儿"烂尾楼"的感觉。这也在一定程度上造成了大脑的一些"内部不协调"，甚至引起了一些大脑疾病。

控制人们行为的大脑区域处于大脑深处，是主要体现生物本能的那部分，我们称之为爬虫脑（潜意识系统）。

这个大脑区域并没有多少思考能力，只能对信息进行极为简单粗暴的加工。看到草在动，它会立刻想到"狮子来了"；看到黑影，想到的也是潜在的危险，以提高我们的警觉。

它也不懂如何从失败中吸取教训，只会机械地执行能够使机体最节能、最安全的生存方式。饿了，它就会发出"找食物"的信号；遇到危险，它就发出"逃跑"的信号，绝不停留。

爬虫脑对生物行为的控制几乎可以追溯到大脑组织出现的那一刻，而大脑新构建出来的两个区域——边缘系统和新大脑皮层，对人类行为的控制要晚得多。

爬虫脑在进化的时间上远早于新大脑皮层，它在保证人类生存上一直很成功，因此人类对爬虫脑的依赖更为根深蒂固。这也是人们的行为决策之所以大多数都源于大脑的爬虫脑的原因。

爬虫脑的决策大多极度趋利避害。当我们在工作时，它会一直诱导我们拿起手机聊天，打开电脑玩游戏，或者跟朋友外出游玩。因为它希望我们能够保存更多的能量。

当我们遇到困难和坎坷时，它对我们的刺激会更加强烈，这是因为任何挫败在爬虫脑都会被归类为潜在的威胁，进而引起"逃避"的应激反应。如果没有新大脑皮层对我们的控制，我们就会直接向爬虫脑妥协，从而造成我们的拖延。

在我们执行任务的过程中，一旦遇到哪怕是小的困难，爬虫脑也会跳出来，并提供各种享乐的选项，让我们避开那些高耗能的事务。

当自己感到无所事事的时候，我们的爬虫脑决不会自觉地选择学习和工作。如果我们的新大脑皮层不够强大，那么我们很快就会对爬虫脑"俯首称臣"，进入享乐模式。

延迟享乐

我很喜欢《堂吉诃德》里的一句话："弓不能总是绷紧，如果没有适当的消遣，人将难以生存。"但是，如果一个人过度追求眼前的享乐则会让他走向平庸。而一个懂得思量更长远未来的人，往往能够取得更大的成就。

心理学家沃尔特·米歇尔（Walter Mischel）曾针对 4 岁幼童进行了一项"延

迟享乐"（delayed gratification）的实验，实验表明，一个懂得延迟享乐的人，更可能有较大的成就。

实验方式为每次找一个小孩进入一个房间，让他坐在桌边，研究人员在桌上放一颗棉花糖，并且告诉小孩自己要离开几分钟，在他回来之前，如果小孩能不吃掉桌上的棉花糖，那么等他回来之后，小孩就能够得到两颗棉花糖。

结果，大概有 2/3 的小孩在研究人员回来之前吃掉了棉花糖；另外 1/3 的小孩则抵制住了诱惑，获得了约定的两颗棉花糖。

可能有人不禁要问，谁先吃了棉花糖很重要吗？答案是肯定的。10 年之后，沃尔特·米歇尔再次联系这些小孩的父母询问孩子们的状况，发现当初愿意等到研究人员回来的那些小孩长大后比较能够自我激励，拥有更强的抗挫能力；而那些马上就吃掉棉花糖的小孩则更容易分心，缺乏动力，做事的规划性也较差。

从进化的角度看，大脑对享乐的需求非常高。因为较为原始的享乐都关系到族群的生存发展，比如食物和性。那些追求享乐的个体，则有更大的生存概率，并且将基因延续下去。

另外，人类早期食物不足，生活条件恶劣，寿命较短，为了族群的生存和发展，他们需要尽多地进食，尽多地繁育后代。

经过漫长的进化，这种行为模式也早已变成了人类的本能，印刻成基因的一部分。而且享乐的类型也随着社会的发展逐渐泛化，不再局限于食物和性。但是人类的潜意识大脑不能进行精细加工，凡是能够引起快感的行为，它依然会将其笼统地归类为生存必需的行为。

当我们看着满桌子未处理的文件时，我们大脑的第一反应往往是抗拒。如果没有足够的压力，比如说上级的督促和截止日期的临近让我们感到紧迫，我们还是会选择先玩会儿手机"压压惊"。毕竟，享乐和吃饭睡觉一样，是一种非常重要的生物性需求。

‣ 社会的螺丝钉

为什么事情做久了会没精神

你能想象自己连续 24 小时处于一种亢奋状态吗？就像我们无法一直保持心率 120 次 / 分一样，我们也很难对一件事情一直保持亢奋状态。

人的驱动力来源

社会心理学家詹姆斯·奥尔兹（James Olds）偶然不小心将刺激大脑的电极植入小白鼠大脑中未被开发的区域，发现，小白鼠受到电击并没有试图逃离，反而待在原地像在等待下一次电击。

事实证明，小白鼠确实非常享受这样的"虐待式"电击。植入电极的那个大脑区域被称为"快感中心"（后来被称为"多巴胺系统"），它能够释放出一种叫作多巴胺的神经递质，这种神经递质会让动物产生继续这种行为的动力。

奥尔兹也证明，如果有可能的话，小白鼠会自己寻求"虐待"，或者叫刺激。实验人员设置了一个杠杆，当杠杆被按压的时候，小白鼠的快感中心就会感受到电击。小白鼠一旦发现杠杆的这个作用，就会开启"自虐模式"，它们会不停地按压杠杆，直到筋疲力尽，甚至死去。即使在小白鼠的旁边放置食物，它们也不会离开让自己受虐的杠杆半步。

动物长期处于亢奋会引起提前衰亡。而人类的大脑和身体系统已经在长期的进化中变得更为完善，形成了一套较好规避这种情况发生的机制。

感觉适应的过程

我们的体内除了有兴奋类递质和激素，也有大量的抑制性递质和激素，两种递质和激素基本处于动态平衡的状态。这保证了我们能够在大部分情况下处于平稳的状态，但也注定了我们会对一件事情感到疲累，容易导致拖延或半途而废。

生物体对自身的保护还体现在它为自己设定了动作电位①的刺激阈值。触发神经元发送信息需要一个阈值，这个阈值会帮助我们过滤掉非常多的"小刺激"，避免很多没有必要的反应和动作。

人体能量并不是绝大部分支持我们进行运动和思考，而是有 1/3 至 2/3 的能量用来维持身体神经系统的静息电位②。（所以，想要静静地做个美男子还是很有难度的，那可是一件非常耗能的事情。）

如果对同一个神经元持续加以同样的刺激，那么这个神经元的动作电位将会慢慢降低，甚至降至静息电位的水平，也就是不再有任何反应。这样，个体就不会因为持续应激而消耗更多的能量和产生过多的不适应感。

我们把这种感知过程称为"感觉适应"。它是指由于持续暴露在同一刺激下，感觉神经反应性下降的过程。我们习惯于感觉适应，这种刺激意味着大脑对刺激的敏感性降低。就像刚走进电影院时我们会闻到爆米花的味道，过了几分钟之后就会慢慢察觉不出这个味道了。

除此之外，我们在学习过程中反复接触相同的视觉刺激时，也会产生类似的生理过程。虽然视觉系统的神经元会持续做出反应，但是反应强度会伴随重复次

---

① 动作电位是指细胞受刺激而兴奋时，在细胞膜内外两侧产生的快速、可逆、可扩布性的电位变化。动作电位是细胞兴奋的标志。——编者注

② 静息电位是指细胞未受刺激时，存在于细胞膜内外两侧的外正内负的电位差。由于这一电位差存在于安静细胞膜的两侧，故亦称跨膜静息电位，简称静息电位或膜电位。——编者注

数的增多而降低，这种现象叫作"重复抑制"。数据上大致显示，对于重复出现的刺激，神经的激活水平会线性下降，将同样的刺激重复 6 ~ 8 次可以让神经元的激活水平降低 50%。

如果我们一直接触相同事物并产生了感觉适应，我们的大脑就会本能地自动跳过对信息的加工过程，甚至产生排斥和抑制，慢慢地让我们对这种事物不再产生兴趣。我们对一件事物最感兴趣的时候是在刚接触它的时候，当新鲜感消退后，我们就很可能对其感到厌倦，这种现象被称为"内卷化效应"。

所以会有一些人头天晚上豪情壮志地决定要改变自己，但第二天早上起床时又恢复了往常的拖延习惯。因为他们已经习惯了这个过程———一开始很兴奋，慢慢变得麻木。他们有时甚至会问自己："我说过要改变吗？"

不走陌生路

为什么改变总是那么困难

人类大脑的有意识决策系统非常复杂，而决策路径相对固定。一般的决策大致可以总结为以下过程：

对场景信息的吸收→情绪加工→记忆 / 经验抽取→认知思考→决策→行为

当信息刺激达到个体的感官阈值时，信息会通过感官系统进入大脑，一般是到"爬虫脑"的丘脑组织，该组织将信息"翻译"成大脑能够解读的语言。大脑再提取边缘系统海马体中的经验信息，形成一定的场景记忆，依据这种较为模糊的信息思考加工做出应激反应。

更为精细的信息加工，需要通过新大脑皮层进行认知思考，并结合既有经历和知识，判断这种场景或相似场景下以前会做何种选择。同时，在大脑杏仁体产生一定的应激情绪，通过经验和记忆，做出我们当下认为的最优解，再将信息传达到小脑和"大脑警卫"网状结构，使其采取应激行为。

当然，有些应激行为，不用新大脑皮层也能够完成。我们通常把不经过新大脑皮层就能够产生的行为称为无意识行为。生理学家曾尝试切除小鼠的大脑皮层，结果发现小鼠依然能够进行情绪的学习和产生应激行为。这也在一定程度上佐证了弗洛伊德认为的潜意识行为的存在。

大脑皮层区域由数量巨大的神经元和神经胶质组成。决策路径在经过大脑每一个特定区域时，就会经过一次新的加工，也会面临各种选择，就像走到一个拥有成千上万条路径的交会路口，有很多路径是已经被封住的"死路"，也有很多路径通向同一个区域。

大脑中缺失任何一个环节，都很难产生有意识的行为。我们在做出是否拖延的决策时，最重要的环节是对一个事物的认知思考和记忆 / 经验的抽取。

简单粗暴的潜意识大脑

如果我们对一件事物的认知是正面的和喜好的，那么我们在抽取相关的记忆/经验的过程中就会产生积极的情绪，做这件事时就能够更持久和高效。

我们的潜意识系统控制着我们大多数行为的发生，但它的思维能力有限，无法进行精密的加工，它会认为所有能够让我们产生愉悦感的事情都会有保护和传承基因的作用，所以在做这些事情时会不断地给我们提供动力。

当我们对一件事物抱以积极的态度时，它就会在很大程度上激活我们大脑的"多巴胺系统"（dopamine system），产生足够的兴奋递质，同时减少相应的抑制性递质，让自己持续获得愉悦感和动力，进而支撑自己的行为。

"多巴胺系统"中的尾状核（caudate nucleus）可以说是个体行为的"方向盘"，它决定我们行为的方向。一些科学家经常没日没夜地思考，实际上就是因为他们对科研的认知极为正面，正在享受思考的愉悦感。这种愉悦感会引起潜意识系统不断给他动力。但是，让一个对科学毫无兴趣的人去琢磨这些事，他肯定会备受煎熬，因为他的潜意识系统认为他在遭受危险。所以，也不要奇怪为什么有的人玩乐起来能够坚持几天不睡觉，看书却不到 3 分钟就犯困。

大脑喜欢清晰的选择

"记忆/经验抽取"这个过程对我们决策的影响非常大，以至于哲人也说"我们只能想到我们知道的东西"。如果有一个选择在我们的记忆中非常模糊，那么我们很可能选择另一个清晰和简单的选项。

这些清晰而简单的选项，大多是潜意识大脑系统提供给我们的享乐型选项，因为进食存活和产生后代是基因的第一宗旨，而能够让我们感到快乐的行为，潜意识系统都将其近似等同。

也就是说，如果我们没有足够清晰的指令或目标，就很容易选择享乐，而放弃那些应该坚持但是比较烧脑的选项。

一个清晰的整体记忆需要依赖大量的神经元，它们之间通过神经纤维相互关联，形成一片片记忆网络。我们可能听过一些名人说某本小说改变了他的价值观，但是从来没有听说过他们因为看了哪些"鸡汤"文章改变了自己的价值观。

实际上，这是因为小说通过大量相似的内容加深了我们对同一个观点的看法，慢慢构建成一个能够激活记忆网络的整体。而"鸡汤"文章往往过于零碎，难以成为长期且有关联的记忆，也难以对我们的价值体系产生影响。

这里我想表达的意思是，你可能在看完一篇文章后，很赞同其中的某个观点，顿时心血来潮想要发愤图强，但是你在选择是否继续埋头学习或工作的时候，这个观点可能早已被你抛到九霄云外，因为缺乏深度和关联的记忆很难被提取到。这时，你很可能会拿起手机跟朋友聊天，或者打开电脑玩游戏。

要改变这种让自己拖延的选择倾向，就需要我们对一种有效信念拥有足够的记忆强度，保证这个信念的鲜活性和清晰性，这样，当我们面临"玩耍还是工作？"的选择时，才更可能坚持一件很困难却会让自己进步的事情。

◆

第二章

对症下药

当拖延发生时，我们如何有效应对

据我们的样本调查发现，很多人拖延只是因为习惯，是因为动力缺失并且在决策中得到长期强化的一种行为模式。经济学家道格拉斯·C.诺斯（Douglass C. North）认为我们在行为过程中受益后，会不自觉地进行强化这种行为，并让自己不能轻易改变这种行为。也就是说，我们会对曾经受益的行为路径产生依赖，而想要改变这些行为会变得十分困难。

改变很简单 ‹

从简单开始的蝴蝶效应

生物在行为过程中，非常依赖经验，它们更倾向于那些选择过的行为和事物。生物学家做过一个实验，在喂养老鼠时混进新的食物，老鼠会主动剔除新食物，即使很饿，它们也只会进行非常少量的尝试。这种对新事物的适当警惕对生物的生存有重要意义。

习惯是有惯性的，之前也提到了，记忆和经验的抽取是行为决策的重要一环。而习惯本身就是一种动作记忆和体验，它是我们储存记忆最为深刻和牢固的方式之一。

在很大程度上，习惯往往也结合了我们大脑的奖惩和趋避系统，并且已经在生活中无数次证实大脑中这一路径的可行性。当我们想要改变拖延的习惯时，往往需要战胜的是一个结合了大脑奖惩和趋避的行为机制，这也是一件难度非常大的事情。

所以，如果没有科学方法的指导和足够强大的动力支持，绝大多数人想改变自己是非常容易失败的，这是由人的动物性决定的。当然，习惯始终是一种习得性行为，它只是我们决策过程中的大概率选择，但不会是100%。

那么，怎样才能更有效地改掉拖延的习惯呢？

从简单开始

较为科学的办法之一就是从简单开始。前文说过，我们大脑在接受新鲜和陌生的刺激时，为了减少自身的耗能，更好地保存自己的能量，会自发地进行耗能等级归类，并在潜意识中告诉自己去逃避，不要让自己太累。

提出"舒适区"概念的发展心理学家阿拉斯代尔·怀特（Alasdair White）认为，如果一个人一直停留在自己熟悉和舒适的区域，那么他就很难取得长足的发展。但是仓促地跳出舒适区会让人感到非常不适应，最后很容易被"打回原形"，并且会损耗信心和动力。

这也是人类在长期进化中遗留的特性。生活在原始丛林中的人类，如果因为做非生物性需求的事情而消耗了身体的大量能量，在突然遇到猛兽时就没有足够的体力逃脱。在那种朝不保夕的生存条件下，过度消耗能量意味着更大的竞争劣势。所以，大脑对能量的管控非常严格。

从简单的部分开始做一件事情，实际上是在降低一个行为的门槛，也是在降低对大脑的自我保护机制的唤醒程度。阿拉斯代尔认为，真正的成长大多发生在舒适区的边缘。当自己适应这种较为缓和的变化时，能够更有效而持久地发生改变。

这就是我们对行为改变的一种适应过程。就像突变的气候会让一些动物灭绝，而缓和的变化过程可能会使动物产生适应，并与环境协同进化。

在我们的生活中，也有一些为了避免激发我们自我保护机制的商业行为。比如一些打车软件为了改变顾客的出行习惯，通过"免费打车"等活动来降低顾客线上约车的门槛，让顾客更愿意改变自己以前那种线下叫车的习惯。

渐渐地，他们就开始降低鼓励的力度。而这时顾客已经基本改变了原来的出行习惯，即使没有鼓励，他们也会继续使用这个软件。

同样，我们行为的改变，也可以采用这种较为简单有效的办法。当我们要做一件复杂的事情时，要尽可能降低改变这个行为的门槛，从简单的部分开始做。

一个人可能感觉自己非常颓废，然后给自己制订了一个满满的日程计划，可是没有坚持几天就受不了了。实际上就是因为他一下子跳离自己的"舒适区"太远了，没有遵循较为科学的办法循序渐进地让自己的身体适应这种变化，所以才会导致失败。

较好的做法是慢慢增加自己的任务量，第一天设置较少的任务，发现自己能够完成任务，并且没有感觉到较为强烈的不适应，之后再增加任务量。这样，我们就能够更好地适应自己需要的变化，让自己的改变更为持久有效。

有难度的行为不利于改变

当然，也有一些人认为从最难的那部分开始也能够减少拖延。那么，到底哪一种行为模式更好呢？

生物学有一个概念叫作"驯化"，指的是让一种能够分解各种有机物的细菌变成专门高效分解某种有机物的细菌。但是，这个过程并不是直接让细菌只分解某种有机物，而是通过降低其他有机物的含量，同时逐渐提高需要分解的那种有机物的含量，慢慢达成那种效果。

因为直接只让细菌分解某种有机物而不添加其他成分，细菌会因不适应而死去。而通过逐渐进行，就可以大大提高细菌的存活率和有效分解率，更快地培养出专属细菌。

从简单的任务开始，也更符合人的生物特性。人的身体对改变需要一个适应期，如果这个改变过大或过于激烈，身体受不了，那么很容易造成"三天打鱼两天晒网"的无效重复。

大多数人都不适合从最难的那部分开始做一件事，如果一开始通过短期内的大量投入完成少部分工作，往往会造成后期对简单工作的拖延。它更适合那些只需要短期投入的工作，而不适合培养一种良好习惯。

从简单的任务开始，能够让我们对环境产生更好的生理适应，从而避免引发大脑的自我保护机制。这样，我们也就更容易战胜拖延的习惯了。

‣ 给个进度条

看得见的进步，让改变更有效

如果大家认真观察，就会发现很多网络游戏都有升级模式，而且经常是通过非常显眼、可以量化的进度条，让我们看到再升一级还需要多少经验值或"杀敌"数量等。那么，网络游戏为什么这么设置呢？

实际上，这种设置非常符合我们的心理需求——对确定性的追求。

不确定性带来的应激

就像之前说过的，我们的祖先看到草丛在动，无法得知里面是什么的时候，会产生很强的心理应激，戒备可能跳出来的狮子。我们对不确定性的厌恶是天生的。

在面对不确定的环境时，我们敏感的杏仁体会被激活，杏仁体将应激信号传送到下丘脑，生理上则会随之释放压力类的激素皮质醇。

皮质醇的功能具有两面性。较低浓度水平的皮质醇对身体的免疫有促进作用，但是较高的浓度水平会让血液从皮肤表皮流走，减少在搏斗过程中因受伤而失血过多，所以有些人很容易出现脸色苍白等生理反应。同时，高浓度皮质醇会让血液中的盐分和糖分上升到更高的水平，高盐分可以提高血液的凝结能力，高糖分可以促进新陈代谢。

但维持皮质醇的高浓度水平状态会伴随着高耗能。处于这种应激状态对个体的生理和精神损耗非常大，这时我们为了逃避压力非常容易选择享乐，尤其容易产生对食物的需求，以补充身体能量。这也是人们不喜欢充满不确定性因素环境的原因。

心理学家特韦尔斯基（Amos Tversky）和卡尼曼（Daniel Kahneman）曾经做过一个决策实验。让被试在以下问题中进行倾向性选择。

选项 A：肯定会获得 240 美元。

选项 B：25% 的概率会获得 1000 美元，75% 的概率什么也得不到。

虽然以上两个选项获得奖励的加权值都是 240 美元，但实验发现，大多数人都更倾向于规避风险，有 84% 的被试选择了 A 选项，追求确定的 240 美元。

对大多数人来说，"二鸟在林"确实不如"一鸟在手"。而这个实验也说明，我们在处理信息时，对风险有一定程度的厌恶，更倾向于追求一种确定性。而且完成一个行为需要的时间越长，这种倾向就越明显。

如果游戏设定依然是升级模式，但没有告诉你一个明确的升级进度，让你不知道自己需要多久才能够升级，那么随着升级难度越来越大，你很可能就会失去耐心，进而放弃；而如果你能够随时知道升级进度，"看得见"的成就会刺激着你不停地玩下去。

如果我们想要让自己更具有行动力，也可以将这种游戏模式迁移到我们的生活和工作中，通过让自己看到计划的完成度，增加确定性，从而让自己更有信心坚持，也能够让自己减少拖延。

为了提高用户的学习效率，一些工具型的手机应用程序也利用了这个心理学研究成果，比如很多背单词的软件都采用了量化方式，记录用户的成就（闯关、升级），让用户因看到自己的成就（每天完成了多少）而在学习中获得更多愉悦感，从而增加应用程序的用户黏性。

行动触发扳机

关于"可量化、具体的计划"方面的研究，也有心理学家做过相关的实验。

彼得·戈尔维策（Peter Gollwitzer）和他的同事发现，"行动触发扳机"能够有效激发人们采取行动。而这里的"行动触发扳机"指的就是可量化、具体的计划。

在一项研究中，他们告诉学生，如果上交一份描述自己圣诞夜活动的文章，就可以获得额外的加分，但文章必须在 12 月 26 日当天提交才能够获得加分。大多数学生表示有意愿撰写并提交文章，但最终只有 33% 的人如期完成任务。

该研究对另一批学生也提出以上要求，并且要求他们设定一个可量化、具体性的计划：学生必须规划好自己写该文章的具体时间和具体地点（比如，圣诞节早上 9：00 我会到图书馆二楼写这篇文章）。结果，这批学生中如期提交文章的比例高达 75%。

戈尔维策的研究显示，人们面临的环境越复杂、情景越不确定，这种"行动触发扳机"的效果就越显著，因为人们在这些场景下做事需要消耗更多的能量，承受更大的压力，所以也就更容易放弃。

一项研究分别分析了"行动触发扳机"对简单目标和困难目标达成状况的影响，结果发现：对于比较简单的目标，"行动触发扳机"可以将成功率从 78% 提升至 84%；而对于较困难的目标，可以将成功率从 22% 提升至 62%。

这也充分证明了一个"可量化、具体的计划"可以带来多大的效能。如果我们推进任务时设定了时间和地点，就会多一股推动自己的"承诺型力量"规避很多诱惑、坏习惯和其他琐事的影响。

所以，想有效地减少自己的拖延，一个简单的办法就是，在制订计划时多给自己一些具体的要求并设置可量化的进度计划。这么一个简单的调整就可以大幅度提高自己的效率。至于如何才算一个好的"可量化、具体的计划"，本书后面会有所提及。

有效重复 ◂

让新习惯替代坏习惯

"当你每次产生一个想法时，带有这个想法的神经通路中的生化电磁阻力就会减少一些，就像在丛林中开辟出一条路一样，一开始非常费劲，但是随着你经过这条路的次数增加，这条路会开辟得越来越彻底，你所遇到的阻力也会慢慢变小。到最后，这条路会变得平坦而宽阔。"

这句话来自东尼·博赞（Tony Buzan）和巴利·博赞（Barry Buzan）的畅销书《思维导图》(*The Mind Map Book*)，它阐释了"重复"对我们战胜拖延的影响——让我们更节省认知资源和生理能量。

经过足够的科学验证，我们可以大致知道，大脑在运行过程中，基本遵循以下三个原则。

第一，在旧的神经结构上建立新的联结。

第二，形成高度专门化的功能区域，以辨别信息中的不同模式。

第三，学会从这些区域中自动提取信息。

这三个原则决定了大脑具有高度的可塑性和反应的选择性。当我们长期进行一种行为时，实际上就是在构建新的联结；当这种联结反应足够多时，大脑会慢慢形成一个专门用于处理这个行为的"绿色通道"；在面临相似的场景时，大脑会优先选择这种行为，并进一步形成自动化反应。

这就像我们小时候可能会隔三岔五不刷牙，因为觉得它很麻烦、无所谓。但是长大后，我们对刷牙并不怎么排斥，甚至一天不刷牙就感觉不舒服。

实际上，这就是因为大脑对刷牙这个行为已经在长期的重复过程中形成了自动化反应，我们起床后可能忘记吃早餐，但是几乎不会忘记刷牙。

围棋 AI 机器人 Alpha Go 通过程序的设定，可以判断出让自己达成 51% 获胜盘面的走法。同样，我们的大脑在做选择时也遵循一定的"程序"。如果我们不断重复一个行为，就会加大这个行为的选择权重，从而在下一次面临选择时，大脑会更倾向于选择这个行为。

人类大脑的认知功能由神经元组成的网络协同完成，每一个神经元并不单独承受独立任务。如果神经元网络不断处理相同的输入刺激，神经元网络内的工作分工就会越来越精细化、专门化。

随着效率的提高，一部分神经元就不再参与信息处理过程，这样就可以使大脑节省认知资源和生理能量。而一旦某个行为让大脑感受到"节能"，它就会在众多的选项中获得优先权。

有些没有当众演讲经验的人在面对台下满满的听众时会紧张，这是由于这时大脑会释放一种会引起人们脸红且心跳加速的类激素（皮质醇）。

而那些上台经验丰富的人在面对这种场景时，他们的大脑分泌的皮质醇含量会比较低，甚至会释放更多的多巴胺，也就是他们已经对这种场景产生了期待，并且享受这个过程。

同样，在第一次面临某个两难选择的时候，我们的大脑也会分泌压力激素皮质醇，而随着我们对这个选择尝试次数的增加，虽然不一定会释放愉悦因子，但至少可以让我们在选择的时候不会有太多的压力，从而不会消耗过多的认知资源和生理能量。

正如张爱玲所说："忘记一个人最好的方式是爱上另一个人。"同样，想改掉一个坏习惯，最好的方式是用另一个习惯来替代它。想改变拖延的习惯，我们需要开辟出一条新的行为路径去替代它。而这条路径的开辟，需要我们不断地重复。

当新的行为路径的加权数大于拖延路径的加权数时，人们就会更倾向于新的行为路径。

但是，重复也要讲究效益，并不是说短时间内大量重复就能够让自己有明显的改变，这样的重复不仅事倍功半，很累人，而且会打击人们想要改变的信心和动力。习惯形成的主要特点是稳定性，细水长流式的改变会更有效、更持久。

心理奖惩

让改变像玩游戏一样有趣

　　我上学的时候非常喜欢去图书馆学习。一开始的时候，我喜欢挑那些没有人能看到我的地方安安静静地学习。

　　但是后来我发现，自己在这种状态看书特别容易走神儿，而且总是回不过神儿来，于是，"愉快的"一天就这么过去了，而我依然脑袋空空，毫无收获。

社会助长

　　后来，我在戴维·G. 迈尔斯（David G. Myers）的《社会心理学》（*Social Psychology*）中看到一个概念——社会助长作用。社会助长作用讲的是，当我们在做自己擅长或不需要高技术就能完成的事情时，如果身边有其他人，会使我们做事效率更高。

　　社会学家特里普利特（Triplett）通过观察自行车手的成绩发现，多名自行车手在一起比赛的时候，他们的成绩要比单独与时间赛跑时的成绩好得多。

　　在他的另一个实验中，他要求儿童以最快的速度在渔用卷线器上绕线，结果发现，当儿童在一起做这件事情时，他们的速度都比单独做时快得多。

　　再回到我去图书馆学习的话题上，我后来也根据这个心理学效应进行了位置调整，转而坐在那些能够让几个人看到的地方。

　　事实证明我的学习效率确实因此有了较大提高。一方面，在图书馆学习的其他人的行为在一定程度上刺激了我潜意识里的竞争意识。另一方面，当我偷懒时，我就会因自己的行为与周围人不一致而感到不愉悦，进而让自己更专注地学习。

实际上，社会助长作用是一套监督机制，它利用的是我们对自己形象的管理需要。人区别于动物的一个特点就是人具有社会性。我们很多行为的习得都是基于社会约束和社会提倡的。

在独处时，我们的行为会更接近自己的本能。所以，也有人经常提到：看一个人的人格品质，就看他一个人的时候的选择。当我在图书馆选择没有人打扰的地方学习时，实际上我就更容易做出基于本能的反应——走神儿和偷懒。

而后来我选择坐在人多一些的地方，一定程度上也是给自己构建了一个监督自己行为的机制。当自己想要偷懒时，会受到周围其他在学习的人的影响。同时，潜意识里为了维护自己受到认可的社会形象，自己也会加强对学习的投入度，进而提高学习效率。

除了社会助长作用可以充当我们的监督机制，还有一个较为简单的办法是，对自己实行严格的奖惩制度。

心理奖惩

趋利避害是动物的天性。在一定程度上，每个人内心都藏着一条"巴普洛夫的狗"，可以通过关联学习习得一种行为。一旦这个行为与刺激条件形成反射性的关联，我们就可以非常自发地进行这个行为。

生理学家巴普洛夫（Ivan Pavlov）在进行生物学实验时，发现了一个有趣的现象：有一些狗在食物出现之前，听到饲养人员的脚步声或其他刺激时，就开始分泌唾液。

他认为，狗的这种反应不仅具有生物学上的原因，也是一种学习的结果，即经典性条件反射。经典性条件反射是指，一个不完全关联的刺激能够与会引发一种反应的刺激相结合，使得这个不完全关联的刺激能够引起同样的反应。

这种学习方式同样适合人类。我的一位朋友以前也是通过这种方式舒解考前焦虑的。她挑了一首非常柔和的歌，在自己房间里无干扰地听 10 分钟左右，同时做深呼吸练习，让自己尽可能地放松，并且她在其他时间不听这首歌。

坚持了几个星期之后，当她再听到这首歌时她就很自然地感到放松。后来，她每次考试之前都会听几次这首歌，以降低她的焦虑，让自己更专注于考试。

小时候，当我们在课堂上表现优秀的时候，老师会给我们的奖惩卡片上盖"小红花"印章作为荣誉的象征，让我们引来周围小朋友的羡慕。实际上，这就是典型的关联学习，用"小红花"作为刺激，让我们习得可以得到奖励的行为，进而培养出"表现好会得到奖励"的反射。

如果这种反射能够与奖惩结合起来，则能很好地减少我们的拖延行为。

在时间管理方面，有一个帕金森法则，也就是当时间越多的时候，我们就会倾向于更慢地完成这个任务。当得知明天是截止期（deadline）时，我们就会想到潜在的惩罚，比如被人指责不守时或被老板批评没完成任务；而当时间越多时，我们对这种"潜在惩罚"的感受就不会那么强烈。

我们在工作或学习过程中，可以给自己设置一个奖惩制度。比如：当自己在计划的时间内完成任务的时候，我们可以奖励自己一块巧克力；而当自己没能及时完成任务的时候，可以惩罚自己绕操场跑一圈。

吃巧克力能在大脑中释放复合胺，让我们更愉悦，进而提高学习的积极性；而适当的运动会让身体产生血清素和内啡肽，让身体恢复平静，减少焦虑。这些对提高工作和学习效率都有帮助。

当然，奖惩的内容可以由自己设定，但是最重要的一点是要严格执行。因为只有严格执行，才能发生较为紧密的条件反射，而不至于因功能泛化而导致失效。

▶ 有效放松

什么是正确的休息姿势

有一次，我的一位同事在朋友圈里发了自己熬夜赶工作进度的图文，老板看到后给他点赞，他也给自己评论："我爱工作，工作使我快乐。"然而，没过几天，他就到医院打点滴了……

"一个不懂休息的人，也不懂工作"，如果想通过时间去堆积工作和学习成效，很可能就会陷入一个低效率的死循环——白天低效，晚上加班，从而导致后续工作更低效。

不休息会怎样

就像电脑在运行过程中会产生大量碎片化的垃圾文件，进而影响电脑的运行一样，人类的大脑也是如此。大脑在运行过程中会产生一种叫作 β-淀粉样蛋白的物质，它会影响大脑的运行。

β-淀粉样蛋白会引起我们的记忆功能紊乱，如果持续时间较长，则会影响我们的语言能力和生活自理能力。

睡眠不仅是一个恢复体能的过程，也是一个"排毒"的过程。当我们进入睡眠状态时，大脑中的细胞会脱水收缩，并且腾出一些空间；脑脊液则会在这个过程中清理大脑，将各种代谢产物带出大脑。

如果长期缺乏睡眠，绝大多数人都会感到学习效率明显降低。因为当我们哈欠连天地学习或者工作时，大脑不仅在做眼前的事，它还在做另一件事情——高耗能而低效率地排毒。

长期睡眠不足，等同于加速毒物在大脑中的积累过程，当毒物积累到一定程度时，我们的记忆力和身体的免疫力都会明显下降。

所以，如果我们不懂得休息，就很难保证学习和工作效率。那么，我们该如何休息才能有效地提高自己的效率呢？

大脑的"轮休"

有的时候，休息并不意味着停下手头的工作。心脏是人体最高效的器官之一，在我们的一生中，它需要跳动 30 亿 ~ 40 亿次。看上去它一直在工作，实际上它也经常在内部进行轮换休息。当心房收缩的时候，心室就休息；心室收缩的时候，心房就休息。这种轮换的休息保证了心脏可以进行长时间的工作。

我们提倡工作或学习时要劳逸结合、"文理结合"等，也是为了让大脑内部组织得以轮换休息。

我们的大脑分为左脑和右脑，虽然它们的外形没有明显的区分，但是它们控制的功能却大相径庭。左脑主要负责语言、阅读、思考和推理，它倾向于逐个处理信息；右脑主要负责理解空间位置关系、模式识别、绘画、音乐和情感表达，它更倾向于综合处理信息，进行整体加工。

某些行为可能只受一侧脑的主导，我们称之为大脑的"偏向性"。而"文理结合"地工作或学习，实际上就是利用了大脑的这种特性。

当我们执行某种工作时，会有一侧大脑使用得更多，而另一侧大脑的压力得到一定程度的释放，甚至处于休息状态。所以"文理结合"这样的轮换也能够保证我们长时间地高效学习。比如，学数学累了就学一会儿语文，工作累了就听听歌，这些都是比较有效的休息。

不过，也有很多事情需要我们同时调动两侧的大脑，这时候，大脑就很难得到"轮休"，我们可以考虑采用走动等小活动量的锻炼方式让大脑休息。

大脑虽小，耗氧量却很大。当我们因久坐而使血液循环变慢的时候，能够供给大脑的氧量会在一定程度上降低，我们也更容易感受到困乏。

这时，我们也更容易受到大脑的自我保护机制的影响，通过各种方式让自己选择暂停学习或工作等高能耗任务，减少自己的压力。

工作或学习累了，起身走动走动，到外面呼吸一下新鲜空气，可以有效调节我们的血液循环和血氧含量。当我们的大脑感受到能量的恢复时，它对工作或学习的排斥就会降低一些。

如果能够到草地上散散心，效果会更好。可能很多人都有这样的体验：在走过一片草地时，会感到身心放松。这是因为土壤会释放一些能够让人产生愉悦感的化学物质。当我们在愉悦状态中学习和工作时，效率也会有所提高。

主动休息

休息分为两种，一种是主动休息，一种是被动休息。

当我们感到累的时候，实际上我们的身体在此之前就开始抵触了，这个时候的休息就属于被动休息。

我们应该尽可能地保持一种有规律地休息和工作的模式，在疲劳出现之前就适当地休息，比如可以每工作或学习 40 分钟，休息 5 分钟。

在方式上，看肥皂剧、刷朋友圈属于被动休息，小活动量的锻炼和 5 分钟的短时休息属于主动休息。前者能够增加短效的多巴胺递质，后者能够有效提高催产素水平。

多巴胺能够带来一定的愉悦感，但是它属于递质类愉悦因子，有效性非常短，当我们停止看肥皂剧和刷朋友圈时，它带来的愉悦感就会基本停止。

而小活动量的锻炼和 5 分钟的短时休息产生的催产素和血清素属于激素类愉悦因子，它的时效会更长，当我们再次投入工作和学习时，它还能继续发挥作用。

对很多人来说，长期的睡眠不足是导致其拖延的重要原因之一。因为长期的睡眠不足会导致身体的皮质醇水平更高，而当人们处于高皮质醇水平时，更会逃避那些让自己感到费劲儿的事。

人们的"夜生活"越来越丰富，睡眠时间有所推迟，但是起床时间没有较大变化，所以很多人都处于睡眠不足的状态。

▸ 记忆的线索

到适合的地方，做想做的事

我家楼下有一家很不错的餐饮店。这家餐饮店有很多特点，它的墙是红色背景的壁画，店里放的音乐大多是快节奏的，椅子也比一般餐饮店的高一些。

后来我了解到，原来是因为铺面费用较高，他们适当地缩小了店面面积。他们这样设置就餐环境，是为了让消费者吃完尽快离开，提高翻座率。这家餐饮店利用的就是环境对我们行为决策的影响。

环境对我们做出选择和改变的影响非常大。在不同的环境下，我们提取出来的记忆会有所改变。正如一个段子所说的那样："一个女人只有在照镜子时才会记起自己昨天的减肥宣言。"

因为在有镜子的环境下，我们能够更好地关注自己，进而唤醒"需要减肥"的记忆，而当我们处在另一些环境下时，我们就比较难被唤醒这个记忆。

所以很多健身房里都设有镜子。其目的之一就是为了让我们更好地观察自己的变化，通过这种方式，唤醒我们曾决心"追求一个更健美的自己"的记忆。

纽约从"罪恶之城"变成了国际大都市，也利用了环境对人的影响这个规律。20 世纪 80 年代，纽约市街头随处可见各种涂鸦和僵尸车，每年的严重犯罪案件高达 60 万件，政府使用了各种手段都没能降低犯罪率。

心理学家乔治·L. 凯林（George L. Kelling）建议，要降低犯罪率，可从清理地铁和街道的涂鸦开始。结果，经过五年的涂鸦清理工作，到 1994 年，纽约的严重犯罪案件数量减少了 75%。

实际上，乔治·凯林想到的正是环境对人行为的影响。如果一间房间破了一个窗户而没有及时补上，那么房子的其他窗户也会莫名其妙地被打破。

在混乱的环境中，我们的思绪也容易变得混乱起来；如果地面很脏，有的人随地吐痰时也会更加心安理得。同样，当我们周围的人都在拖延时，我们也更容易拖延。

　　要改变自己的拖延行为，我们也可以通过改变周围的环境来实现。不同的环境会让我们有不同的心理唤醒状态（一种警备状态，表示个体在做一件事情时生理和心理是否已做好准备）。

　　就像运动员需要通过热身让自己的运动水平更好地发挥一样，我们在学习和工作时也可以通过营造这样的唤醒状态来提高自己的效率。

　　处在一种较为昏暗的环境中时，我们更容易感受到睡意。因为在这种条件下，视觉神经系统接收到昏暗的信号并将信号传递给松果体后，体内会分泌一种叫作褪黑素的激素，而这种激素是一种促进睡眠的物质，会让我们产生困乏感。

　　人已经习惯在夜间睡眠，当环境昏暗时，睡眠意识就会被唤醒，从而引起生理变化。所以，如果想在工作和学习中更清醒，就需要给自己营造一个比较明亮的环境。

　　另外，我们最好保证书桌桌面的整洁。因为过于混乱的桌面，容易造成视觉信息量过大，进而产生烦躁情绪。如果可以的话，也可以在书桌上放上盆栽。

　　当我们在宿舍或家里工作和学习时，常常会下意识地拿起手机，爬上床，跟朋友调侃聊天，工作或学习效率肯定远低于在办公室或图书馆工作和学习的效率。

　　因为我们的习惯和思维认定，宿舍或家是用来休息的，当我们处于这样的环境时，被唤醒的状态不是学习而是休息，在这种状态下，工作或学习的效率就会很低。

　　同样，当我们处于一个高噪声的环境时，会产生心理烦躁和注意力不集中。即使能够尽量克制自己的情绪，在这种环境下学习也会消耗我们更多的精力。

　　如果想提高自己的学习和工作效率，就要尽可能到适合学习和工作的环境中去。

　　当然，也有人能够克制住自己的各种意念，在各种环境中不受干扰地学习。但这种能力需要足够多的训练去培养，如果有条件选择或改变环境，还是没有必要过于强迫自己培养那样的能力。

◆

第三章

学霸模式

手机时代，如何更好地自我控制

　　手机及其应用程序背后有成千上万的产品经理，甚至心理学专家，他们通过创造和改善产品给用户带来的良好体验来增加产品的用户黏性。所以很多人感到很难抵制手机的诱惑，毕竟"敌人"太强大。但是，"敌人"虽强大，他们利用的原理却很简单。

时间黑洞 ◂

为什么我们总想刷手机信息

信息具有生物性，它对我们生存的重要性不亚于食物和水。生态有三个基本功能：物质循环、能量流动和信息传递。而前两者的实现基本都有信息传递的参与，每个生物体都是信息的接收者和发送者。

信息的生物性

狮子在猎食野鹿时，要根据自己获得的信息，判断哪只野鹿容易捉住，然后根据野鹿的逃跑方向进行伏击。

更能突出信息重要性的例子是蝙蝠的觅食过程，蝙蝠的视力极差，但是它们进化出了一套非常有技术含量的"超声波定位系统"，能够通过声波脉冲的变化很好地判断猎物的大小和方位。如果无法获得声波信息，那么蝙蝠也会因为找不到食物而灭绝。

信息除了帮助我们猎取食物，还能帮我们躲避敌害。一些学者认为，生物最早出现的信息接收器是嗅叶，通过吸收外界散发出来的化学信号，判断环境和食物是否有害，进而做出反应。

比如我们的祖先看到狮子的脚印或粪便时，就可以很快判断有狮子在附近出没，选择尽快离开；当我们闻到植物的某种气味时，我们就会判断它是否有毒，从而决定是否食用。

这就是信息对我们的重要意义——信息是我们生存的根本。我们需要足够的信息才能够保证自己继续生存下去。通过不断进化，我们潜意识地对信息充满渴望。

我们需要通过信息获取食物和躲避天敌，当信息量不够充足时，我们会潜意识地感觉到"不安全"。所以当我们进入一个新的环境时，总是不自觉地环视四周，尽可能多地获取信息，判断环境是否安全。

以往我们的祖先害怕缺乏信息，是担心草丛中突然跳出来一头狮子；现在我们担心缺乏信息，是因为害怕处理不及时被上司责怪，或者因没有及时看到信息而错过重要的事情。两者在本质上都是对信息的生物性需求，是为了获得安全感。

所以，当我们看到微博和微信上提示有新信息时，总会不自觉地去查看，即使那些信息并不怎么重要。

分享信息能获得尊重

而信息对我们生存的重要性，也延伸出了我们迷恋手机和信息的另一个原因——我们可以通过分享信息获得尊重。

在原始社会中，信息分享的重要性不亚于分享食物，两者都能够提高种群的存活率。个体掌握的信息越多，他能够得到的尊重也会越多。所以，我们经常在书中或视剧中看到这样的故事情节：群体中一个年轻力壮的人作为领袖，同时存在一个最受尊敬的老者。

实际上，这是因为在信息闭塞的环境下，经验的多少往往象征着掌握信息的多少，年长的人拥有更多的经验信息，所以他们的意见具有很高的参考价值。

同样，一个雁群中最受信任的是放哨的大雁，因为它反馈的信息关系到雁群的生存。一些有经验的猎手，经常通过虚假进攻让放哨雁发出警报，经过两三次虚惊之后，雁群就会对放哨雁产生不信任感，猎手就可以展开猎击了。

这也是我们对说谎不能容忍的原因，因为虚假的信息会让人产生高度焦虑。

而分享有效和真实的信息，则能够让我们获得尊重和信任。这也在很大程度上导致了我们沉溺于网络社交。知道某个信息的人越少，或者我们越觉得这个信息重要，分享这个信息后我们越能更多地获得愉悦感。所以，一些朋友圈里的"鸡汤"和谣言都很强调它的稀有性和重要性，以便达到被广泛传播的目的。

信息的减压功能

除了以上两个原因，导致我们玩手机成瘾的另一个很重要的原因就是，我们需要通过手机娱乐来减少焦虑和压力。

因为当我们感受到压力时，体内会释放皮质醇。皮质醇能够帮助我们产生更多的能量对环境做出应激反应。当我们看到草丛中有一只老虎跳出来时，如果没有皮质醇的帮助，我们会呆在原地动弹不得。

正是由于皮质醇的存在，我们的肌肉才会释放出大量的氨基酸，肝脏会释放出更多的葡萄糖，脂肪也会释放出充足的脂肪酸，从而迅速给身体提供充足的能量，让我们能够在老虎出现的时候立刻选择逃跑或搏斗。

但皮质醇的含量过高，会导致身体能量在短时间内大量消耗，这也是为什么长期处于压力下的人会变得很消瘦和更容易生病，因为他们的脂肪、肌肉和肝脏都被严重损耗，维系自身的能量过少，而排毒器官又受损。

此时，我们大脑的自我保护机制就会被激活，我们的行为"方向盘"——多巴胺系统就会调整行为路径，让我们选择一些能够转移注意力的方式，降低我们对当下场景的应激反应，以达到降低皮质醇的目的。而用手机娱乐，恰恰能够使我们转移注意力，降低焦虑感，其中能够有效降低我们焦虑的信息就是"八卦"。

社会学家托马斯·霍布斯（Thomas Hobbes）认为，人们总是处于相互竞争的环境中，并且在不断寻找别人的缺点。而且存在的竞争性越强，他们就越会通过寻找对方的缺点来取悦自己。

所以有的人总喜欢看那些明星遭遇各种窘迫的信息，因为他们在潜意识里认为那些人占有更多的社会资源，挤压了他们的生存空间。看到别人的窘迫处境，能让他们在比较中获得心理平衡，短暂地降低他们的焦虑。

分享信息能够带来尊重，看"八卦"新闻能够减少我们的焦虑，这些都直接导致我们对能为我们提供无限信息的手机高度依赖，而这也是手机及其应用程序背后成千上万的产品经理让我们"上瘾"的手段。

萎缩的大脑 ◂

沉迷网络社交可能让人变笨

不要以为刷朋友圈和玩手机只是占据了我们大量的时间，让我们完不成任务而已。事实上，经常上网和刷朋友圈对我们大脑的影响是持久的。

萎缩的大脑组织

心理学家阿波卓德（Abujaude）对网络成瘾者进行了测试，发现经常上网的人大脑前额皮质发生了一些变化，其中记忆、语言、运动和情绪的大脑区域比正常人小了十几个百分点。

另外，很多人将社交网络作为自我形象管理的工具，我们在发朋友圈的时候会考虑发什么内容不会引起别人的反感，看到别人比自己得到的"点赞"多的时候会产生嫉妒心理。这会过度刺激杏仁体，让我们的神经变得越来越敏感。

心理学家约瑟夫·勒夫（Joseph Luft）和哈利·英汉姆（Harry Ingham）提出了自我展现的"约-哈里窗"，认为我们在行为和认知上会将自己分为四个部分：开放我、盲目我、隐藏我和未知我。

我们在面对不同的人群时会展示不同的社会角色，而朋友圈是一个"展示公地"，即使它有分组展示的功能，我们也很难一直准确地把握向谁展示自己。这些都会对自我的同一性造成干扰，让我们产生社会性格焦虑和不协调。

还有，我们也在追求信息的确定性，经常因害怕错过信息而产生很强的"手机焦虑"。

我自己就曾经产生过严重的手机幻听现象，当时我在一个传媒公司实习，公司对社会热点有种盲目的追求，会不定时地打电话告诉我追踪热点事件，这就造成了我在半夜都会隐约听到手机震动的声音，并起身查看。后来实在吃不消，我就辞职了。

长期处于令人不安的环境中会让我们产生严重的焦虑。这会导致我们的大脑海马体变小，而海马体是我们的记忆库存，负责我们的部分记忆功能。

换句话说，经常上网和刷朋友圈会让我们的大脑功能发生一定程度的衰退。前额皮质参与我们的行为控制，而海马体则负责我们的记忆。当这两者都发生萎缩时，我们将会陷入一种负性循环——自控力和认知能力下降，变得越来越沉迷于手机和网络。

所以，我们在使用手机的时候，一些非必须的应用能删除则删除，不能删除就关闭提醒功能。我关闭朋友圈后，节省了很多时间。

蒸发冷却效应

刚开始关闭朋友圈时，我也会感到不安，但是一段时间后，我发现生活根本不受其影响。可能有些人认为，不经常在朋友圈互动点赞，会让朋友的感情变淡，以后也不好叫别人帮助我们。

但实际上，我们往往夸大了朋友圈和社交网络对我们的社会作用。社交网络的关系有一个"蒸发冷却效应"。它讲的是，在我们的社交场合中，最不想参加聚会的人，正是大家都希望他能够参加的人；最不想掏出名片的人，正是大家都想要与之交换名片的人。

相反，那些最想去结交别人的人，往往是大家最不想去结交的人；那些最想说出自己看法的人，往往是大家最不愿意听他说的人。

如果想要真正地获得别人的帮助，花在社交上的投入往往是单向投入，很难具有一对多的功能；而提升自己，反而能够很好地实现一举多得，即使少了一个人的支持，也不会对自己造成多大的影响。投入后者，收益也更为持久有效。

接纳性对抗

如何远离手机的负面影响

虽然前面分析了手机对我们的各种负面影响，但是手机的普及是社会的趋势，我们的生活也越来越不能没有手机。

那么，怎样才能更有效地减少手机对我们的负面影响呢？

知己知彼，才能百战百胜。现在，我们也已经知道了手机为什么令我们如此沉迷，了解手机背后成千上万的产品经理和心理学专家对我们玩的"小把戏"后，我们可以对症下药。

1. 增加确定性

既然大脑害怕不确定性，那我们就给它提供确定性。那么，我们该如何给大脑提供确定性，避免"不看手机就焦虑"呢？

前面说过，我们之所以害怕错过信息，是因为怕对方不理解我们，从而责怪我们。所以，我们可以尽量让对方知道我们在干什么，减少误解。

比如，对方发来一条微信信息，但是看到你的"头像"里备注了"现在是工作时间，晚上 8 点后才有空回复微信"，他就会对你多一些理解，而你也可以减少不被理解的焦虑。

还有，我还会提前和一些经常联系的朋友说明情况，微信不能及时回复，有事最好给我发邮件或打电话。我在微信备注里加上了自己的电话号码。这样的话，如果对方确实有事，就会给我打电话。如果对方仍然发微信信息，我就默认为是不急的事，即使错过了也不必担心。

我个人就是在这种方式下，忙起来的时候可以做到几天不打开微信，也少了很多无端的焦虑感。

2. 提高手机娱乐成本

我经常会在出门前卸载一些很耗时但非必需的手机应用程序，比如微博和知乎。这样，如果自己在路上想要刷知乎或微博，就要重新下载，可是考虑到流量费用，我就会却步。

我这样做就是简单地通过增加享乐成本来减少自己在手机上耗费时间。千万不要小看这种看似笨拙的办法。人总会自动地权衡利弊，当我们感知到一些事情的成本高于收益时，就会重新考虑是否要做这件事。

心理学家罗斯（Ross）和尼斯贝特（Nisbett）曾做过这样一个实验：他们区分了"热心学生"和"自私学生"，其中一部分学生收到一份简短的信，被告知下周将举办爱心食物捐赠活动，请他们带上食物到学校广场集合，而另一部分学生收到一份较为详细的信，指定捐献的活动地点和对食品的一些要求，还建议学生顺道经过学校广场时进行捐赠，那样就不用多跑一次。两份内容不同的信被随机分发给了"热心学生"和"自私学生"。

结果显示，收到详细信件的学生中，"热心学生"有 42% 捐了食物，"自私学生"也有 25% 捐了食物；而收到简短的信的学生中，"热心学生"只有 8% 捐出食物，"自私学生"的捐赠率为 0。

这两个对照组最大的区别是有无"地图"。这么一个简单的举措，让他们感知到的行动成本发生了非常大的变化。这也从侧面告诉了我们：永远不要低估一个人能有多懒。

所以，如果想要尽可能地减少自己对手机的依赖，可以通过增加打开一个手机应用程序的成本来实现。

3. 保持"渠道唤醒"

如果抱着买衣服的目的去逛街，我们可以很快买到想要的衣服；而如果我们的目的是休闲逛街，那么我们买一件衣服所需要的时间会长得多。

后者的"浏览量"大于前者，但是收效却没有前者高。这是因为在后者的场景下，我们被唤醒的状态是闲逛，还没有认真看完一家店面，就渴望到下一家去。

这其实就像我们在网络上学习，浏览足够多的信息不代表我们能够学到那么多知识。前文提到过，面对不同的事物和环境时，我们所产生的心理唤醒状态也不一样，而只有当唤醒和我们的目的统一时，我们才能够变得高效。

为什么很多人排斥在网上学习，而认为看纸质书学习的方式更好呢？因为当我们打开微博时，即使在里面看到的是"干货"，微博对我们的唤醒也是以娱乐性和社交性为主的。这就导致我们的唤醒状态和目的不一致，这样接触的知识很容易成为过眼云烟。

而当我们打开纸质书时，由于多年的传统学习方式的影响，纸质书对我们的唤醒更多的是学习知识，那么这个时候我们学习到的东西就会更持久一些。

所以很多人认为纸质书能让自己更有效地学到知识。

其实网上学习也能达到持久有效的目的，只是需要我们将学习渠道特定化。比如持续用一些电子设备学习，当我们培养起它对我们学知识的心理唤醒时，我们就可以使用电子设备高效地学习了。

▶ 完美计划不完美

为什么"充电"计划总是失败

......

7月13日：打牌。

7月14日：打牌。

7月15日：打牌。

7月16日：胡适之呀胡适之，你怎么能如此堕落，子曰：吾日三省吾身……

7月17日：打牌。

7月18日：打牌。

......

胡适留学时候的这段日记常常被人拿来调侃。

相信很多人其实都遇到过这种让自己哭笑不得的场景。我们常常花大半天做了一个感觉堪称完美的计划，顿时信心满满，感觉成功就在眼前，而第二天起床时却一再拖延：再睡一分钟就起床……然后大半天就过去了。

古语云，凡事预则立，不预则废。做计划对于我们的工作和学习有很重要的意义，即使我们的计划大部分会以失败告终，做计划的作用仍不可否定。

心理学家卡尼曼（Kahneman）和特韦尔斯基（Tversky）通过研究证明，人们做计划时，往往倾向于过于乐观，会低估完成计划所需的时间，并高估计划的完成情况。

这种现象在心理学上称为计划谬误。而且，大多数人即使有过因此而计划失败的经历，仍然无法很好地根据经验来改进计划。

研究证明，无论是集体计划还是个体计划，都存在明显的计划谬误。就拿我们学生时代的经历来说，我们经常在放假时把一些书带回家，计划在假期看完。然而，能够按计划完成十分之一的人就算很厉害了。

那么，哪些因素造成我们经常计划失败呢？

脑科学家做过一个脑成像研究，发现我们在思考当前的自己和未来的自己时用到的并不是同一个大脑区域，而思考未来的自己的区域与面对他人时所用的区域相同。

我们在做计划时，会更多地考虑单线信息（关注未来），而很少考虑分布信息（当前实际）。这也解释了为什么很多人即使有很多计划失败的经验和教训，却依然保持原来的计划模式。

我们习惯于将自己的计划安排得满满的、滴水不漏。这会让我们感觉很好，但实际上这也会带来很多弊端。因为虽然严格的计划能够激发我们的潜能；但过于严苛的计划往往会失败。而如果我们长期处于计划失败中，就可能会产生一种"那又如何"的心理现象——反正也完成不了，索性先玩一会儿手机放松一下吧。这样更不利于自己完成计划。

那么，我们该如何战胜这种原始本能呢？我们在下棋时，如果准确知道对方的下一步甚至更多步棋如何走，就更有可能战胜对方。同样，如果我们想要有效改变自己总是做出理想型计划的习惯，就需要知道自己做计划时存在哪些倾向，以进行预防性修正。

比如，我们知道大脑会倾向于低估我们做一个任务的时间，那么我们做计划时就适当多留一些机动时间，比如自己认为完成一件任务需要 2 小时，那就计划用时 2.5 小时，甚至更多一些。这样就有了一些缓冲时间，在遇到特殊情况干扰或阻碍计划执行而推迟时，也不至于带来失落感。

心理学家塔尔玛德（Tahmud）说过："我们并不是客观地看待事物，而总是从我们自己的角度出发看待事物。"

也就是说，当我们做计划时，会更多地考虑内在因素，而很少考虑外在因素。

　　并且，我们考虑的状态是自己最好的状态，而不是自己的平均状态。大多数人是在这种本能的指导下做计划的，这样做出来的计划一般都缺乏科学性，不符合实际，所以很容易失败。

　　大多数情况下，计划谬误都是偏完美的类型，经常会牺牲机动性和灵活性。

　　而通过给任务预留机动时间，可以在一定程度上矫正我们的计划谬误。虽然这样的计划不那么完美，甚至看上去有些浪费时间，但其最终的执行结果往往远大于完美型计划。

别让思考止步

最好的办法不会一开始就出现

管理学上有一个定律：我们在解决问题时产生的第一个想法，一般不会是最好的那个。尤其是在头脑风暴过程中，大家一开始能够脱口而出的大多是最普通的解决办法。

同样，我们在做计划时也是如此。短期计划需要完善的必要性可能不大，但中期计划和长期计划就必须进行适当改进。那么，怎样才能更有效地改进我们的计划呢？

我的一个同事经常跟我说，他的自控能力越来越差，做的计划总是完成不了，每天晚上想要静下心来学点儿东西，却总是无法专心。实际上，这也是大多数人常有的状态。

我建议他先思索并写出下面四个问题的答案。

是哪些因素造成自己静不下心来？

在自己以往的经历中，什么时候能够静下心来？

静下心学习的时候都是因为什么？

之前的成功经验能否迁移到新的计划中？

1. 质量环理论

我们可以将以上问题的答案写下来，然后整理成计划建议，这样就可以利用经验来提高计划的有效性。这种看似简单的办法，其实源于大量的生产管理实践，也正是美国质量管理专家休哈特（Shewhart）提出的质量环理论的具体应用。

质量环又叫 PDCA 循环。PDCA 是英文单词 Plan（计划）、Do（实施）、Check（检查）和 Act（处置）首写字母的缩略词。PDCA 循环就是按照这样的顺序不断循环地进行计划管理的科学程序。

P（Plan，计划）：为实现目标制订必要的计划。

D（Do，实施）：实施计划。

C（Check，检查）：根据目标的达成情况，判断计划是否行之有效。

A（Act，处置）：将成功的经验进行总结并制度化，把没有解决的问题提交到下一个 PDCA 循环中解决。

PDCA 循环这样周而复始地进行，一个循环结束，解决一些问题，未解决的问题进入下一个循环，以此不断阶梯式上升。

我们首先需要分析现状，通过对自己和环境的充分了解，进行信息整合，分析其中会阻碍我们执行计划的因素，针对这些因素提出解决措施和方案；然后在实践过程中检验计划是否行之有效；把成功的经验总结出来，制定成相应的标准，把没有解决的问题放到下一轮 PDCA 循环中去解决。

PDCA 循环最大的好处和特点就是能够循序渐进，不断优化。这可以让我们在实践中不断发现自己的不足，不断改进和提高自己的标准，让自己稳步向前，还可以让我们的思想更为条理化和系统化。

我们在做计划时，也可以大致套用这个理论。先按照自己要达到的目标制定计划，然后在实施计划之后进行检查，根据检查结果反馈，改进计划，再执行。

2. 二八法则

经济学家帕累托（Pareto）提出了一个著名的社会学效应——二八法则，它对整个社会的运转具有重大影响。

二八法则是指：在任何事物中，最重要的、起决定性作用的往往只占其中的约 20%，其他的 80% 是次要的，非决定性的。

这个法则类似哲学上主要矛盾与次要矛盾的关系。当我们解决了主要矛盾，问题就解决了一大半；但是如果抓不住主要矛盾，就会消耗非常多的精力，而效果却不明显。

如果我们抓住了主要矛盾，就会像用放大镜聚焦太阳光一样，能将能量积聚到一个点上，实现快速点火的目的。

同样，我们在进行任务规划时，如果想要让自己的工作和学习效果更好，就需要将自己 80% 的精力放在具有决定性的 20% 的任务上。

这决定性的 20% 的任务会在一定程度上带动其他 80% 任务的进展，从而达到事半功倍的效果。每个人的精力都十分有限，如果做事情时能很好地把握住重要的部分，就可以避免做很多无用功。

一些高效人士也根据二八法则将日常事务分为四个象限：重要且紧急的事务，重要但不紧急的事务，不重要但紧急的事务，不重要且不紧急的事务。

每天的时间很有限，我们也很难每天都完成所有的事情。想要让自己的工作从容些，效率更高些，就需要将自己更多的时间花在重要且不紧急的事务上。

比如救火，我们去救火就是重要且紧急的事务，但是如果我们平时做好重要而不紧急的事务——防火，救火这样重要且紧急的事务就会大大减少。

因此，在做计划时，将重要且不紧急的事情放在首位，减少重要且紧急的事情的发生，就可以减少不必要的操心，从而大大提高自己的工作和学习效率。

▸ 仪式感

如何更好地落实计划

上面两点大多是关于计划的制订问题，计划制订好了，接下来就该考虑如何执行了。那么，在计划的执行过程中，我们可以通过哪些方法让自己更高效呢？

时间感和空间感

首先，我们可以尽量培养起一定的时间感和空间感。我们身边可能有这样的情况，一些人在高中时很优秀，但是到了大学后成绩却不尽如人意。其中很大的一个原因就是，大学的作息不再像高中时那样规律，而是变得时忙时闲，学习时间和空间都不固定。这就导致了我们一定程度的环境适应不良，在执行学习和工作计划时容易受到更多因素的影响。比如今天早上有班级活动，明天下午又有社团会议……这些无序的事情，导致我们在执行计划时经常被迫中止，无法一心一意按计划行事。久而久之，我们在各种任务的切换过程中疲于奔命，执行力越来越低。

对时间感和空间感的培养，本质上是在创造一个"生物钟"，让我们在一定的时间和空间内自发地调动自己的机能。"生物钟"对我们的节律控制有很大意义。就像自然时间有白天黑夜、春夏秋冬一样，我们机体内也并非只有一个状态，它会伴随着"生物钟"而改变。

当我们突然不按照我们的"生物钟"节律进行作息安排时，常常会感到疲劳和精神不适；而当我们遵从自己的"生物钟"节律安排作息时，工作和学习效率会比较高。

想培养一个高效的"生物钟"，最重要的一点就是稳定，尽可能减少干扰。

我自己也有一个特别高效的时间段，那就是早上起床后的 2 小时。我一般起床后做一下简单的准备就开始写作，无论能否写得出，我都会要求自己在电脑前坐 2 小时，久而久之，这 2 小时就成了一段特别高效的写作时间。

和"生物学"的时间感类似，我们对空间也会有一个适应过程，比如习惯了在办公室工作或在图书馆学习，在家学习和工作时总是会不自觉地偷懒，那么就可以考虑到特定场所去学习和工作，比如去自习室或图书馆。

选择固定的地点和时间学习和工作，就不用消耗太多的精力去适应新的环境了。当培养起时间感和空间感之后，我们就会产生新的心理唤醒，提高效率。

总之，我们应该尽力培养起这样的时间感和空间感，这样才能保证我们的效率。

可量化的计划

另外，我们要尽可能让自己的计划可量化。前文讲过，可量化能够带给我们更多的确定性，从而减少不确定性带给我们的压力和不安。我们也更容易在这种状态下获得更多进步的反馈，从而构建起坚持不懈的信心。

心理学家将恐惧大致分为两种，一种是对失败的恐惧，另一种是对不确定性的恐惧。脑科学家曾记录了人的大脑在对不确定性感到恐惧时的变化，发现此时大脑的眶额皮质和杏仁体都异常活跃。

不确定性是由于信息缺乏造成的，当我们深夜单独走在路上时，或多或少都会感觉到一种莫名的恐惧，因为我们的大脑在不断尝试去预测接下来会发生什么，一旦无法预测，我们就会自发地将其归类为危险信号。

将计划进程量化，清晰地知道自己还有多少任务未完成，能够减少我们在计划执行中的不安，减少因猜测而消耗更多的认知能量。

我在第二章"给个进度条"一节中提到过彼得·戈尔维策的研究，结论是一个可以量化的计划可以大大提高个体的执行效率。而韦德（Wedd）的研究发现，一个明确的计划会激励个体更快地行动起来，并且在执行过程中投入程度更高。

换句话说，你会因为有一个可量化、具体的计划而更快、更投入地执行它。因为这个可以量化的计划会给我们提供很多情景线索，并与实际行动产生联结，从而提高行动的概率。比如，你的计划是"15 日早上 9 点去图书馆看《反本能》"，那么你很可能会为这个计划设置一个闹钟，又或者看到《反本能》的时候想起这个计划，进而更容易行动起来。

这样，我们才能够安抚大脑的自我保护机制，让计划更加可持续。而且我们看到自己的进度成就，会感到更多的愉悦，大脑会释放更多的多巴胺愉悦因子，这也有利于提高效率。

场景想象

高效落实计划的第三个方法是场景想象。心理学家德伯拉·斯莫尔（Deborah Small）等人用实验证明，场景想象活动有助于人们改变自己的行为选择。当我们为坚持一个计划而感到有点吃力的时候，可以将这个计划在自己的脑海中"演习"一次，想象自己正在进行整个计划。

当然，并不是随心所欲、胡思乱想都能够带给我们行动的动力。场景想象最重要的是想象自己执行计划时会遇到的问题。比如：我们会因为什么而终止计划？我们会遇到什么困难和干扰？我们要如何解决困难和诱惑？这些充满预见性的思考可以让我们在诱惑或困难来临时有所准备，并且做得更好。我也经常想象自己可能会因为什么而拖延不愿行动，发现自己每次执行一个计划都会在最开始产生抗拒情绪，而一旦开始执行起来，抗拒情绪就渐渐消散了。因此，我经常提醒自己，只要行动起来就好了，这些情绪会很快消失。这也提高了我的执行效率。

你也可以想象自己会不会因为睡过头而错过执行计划的机会，决定要不要给自己设定闹钟；或者想象工作过程中是否可能有人会打扰你，提前想好如何礼貌地拒绝他；或者想象自己因为一直玩手机而耽误了工作和学习，考虑是否将手机关机等。

　　进行这样的场景想象，能够增加我们对情景的熟悉度，也能够保证计划的可行性，从而减少潜在的障碍。

　　借用场景想象对计划的落实思考，能够帮助我们理清思路，更为全面地看待事物。如果我们能够熟练地掌握这种方法，我们的思维能力和活动水平都可以得到很大提高。

◆

第四章

学习的障碍

为什么付出了却没有回报

　　社会学家埃德蒙·休伊（Edmund Huey）曾说过一句非常深刻的话："真正了解阅读时大脑的运作过程，会是心理学家最大的成就，因为这能够描述人类心理中诸多错综复杂的运作，揭示整个文明的诞生。"现实中，我们会慢慢遗忘很多学到的东西，我们发现有些知识特别难学，有些知识感觉学懂了、但是不会用。这都有哪些原因呢？我们在学习过程中又存在哪些障碍呢？

大脑的假设 ◂

它可能是台高阶超级计算机

到目前为止，我们还没有完全了解大脑的记忆机制，无法具体衡量和估算出大脑的信息储存量。但是，凡是物理的，即使没有边界，也都是有限的。我们的大脑本身也是一种物质存在，它在容量上也很难是无穷的。

《科学美国人》发表过一篇关于大脑容量的文章，估计大脑的容量是2.5PB[①]。这个数据看上去很大，实际上远远不够用。

因为我们随便往一个地方那么瞥一眼，都是一张高清图，我们收到的数据都是以 GB 为单位计量的。如果这样看，从理论上来说我们的大脑内存应该是不够用的。那么，人类的大脑为什么能够储存貌似超过"内存"的信息呢？

信息的压缩

有一种解释是，大脑具有强大的信息压缩能力。虽然我们能够记住每个人的"脸"，但是我们的大脑并没有储存每个人的"脸"，实际上，我们的大脑通过对信息的压缩，仅在大脑中储存了一套通用的模板——两个眼睛，一个鼻子，一个嘴巴……

当遇到一个人的时候，我们会在这个模板上进行加工，进而实现识别和区分的功能。这样，我们就不用在大脑中储存每个人的"脸"了，否则太占"内存"。你也可以将这个过程形象地描述为"脑补"。

这就像当我们的手机内存不够时，我们可以使用一些压缩软件将照片从高清

---

① PB：字节单位，1PB=1024TB，1TB=1024GB。——编者注

格式压缩到标准格式一样，虽然图片模糊了一点，但总归还是能够在无聊时翻看的。大脑将信息压缩之后，就能够腾出空间去存储更多的信息。

但是，就像被压缩的照片会模糊一些一样，我们获取的信息被大脑压缩后，会导致我们的记忆部分丢失，甚至产生错误回忆。大脑并不总是将信息压缩到恰好使我们能够回忆起来的水平，其压缩的程度取决于信息重复的次数。

我们不经常使用的那些信息，会被大脑反复压缩，越来越模糊。这也可以解释为什么一些记忆好像被遗忘了，却能够发生"闪回"。大脑把信息压缩得越厉害，提取这部分信息的难度就越大，但是记忆并没有完全消失。

信息的"备份"

抵抗这种大脑压缩的办法之一，是在它压缩的时候进行巩固。当我们回忆时，实际上就是对大脑中存储的信息进行再加工，在大脑还未完全将信息压缩到很小的时候，尽力将信息修补完整。

当记忆信息结合到我们的情绪，或者我们回忆的次数足够多时，这些信息则会加强神经元的突触连接，并且生成新的突触和相关蛋白质。这就好比随机RAM（读写内存器）转变到 ROM（只读内存器）一样，信息不再随着关机而遗失。

这就像我们读一本小说，即使我们很认真地逐字逐句看完，我们也会忘记其中的绝大多数内容，而能够让我们记住的，基本上都是多次重复出现或有很强的情感带入的片段。

当然，这个理论虽然能够解释我们的记忆机制存在的很多问题，但它始终是一个假设，还有待证实。不过，我们还是可以利用这个理论的可取之处去指导我们的日常学习。

知道感 ◂

知道了就代表懂了吗

可能我们上学的时候都有过这样的体验：考试的时候，看到一些题目时觉得自己会解答，可是无论如何都想不起来具体的知识点；或者，考试前感觉自己什么都会，自我感觉良好，直到试卷发下来……

1. 知道感

导致这种现象的原因之一就是"知道感"。"知道感"就是我们自以为把信息储存到了记忆中，自以为掌握了某些知识的主观感觉。

如果缺乏足够的练习，我们学到的很多知识其实是不牢固的。

有的时候，别人在问我们学过的相关问题时，如果没有给出一些提示，我们就很难回忆起来。这就像对于同一个问题，设置成选择题比设置成填空题更容易回答正确一样，因为前者在选项中提醒了我们。

我们听了一场讲座，听的时候总感觉收获颇多，有时甚至感觉热血沸腾。但是再过 1 小时，吃个晚饭之后，我们可能已想不起讲座的内容，只记得讲师好像很博学的样子。

我们听过的那些讲座内容，因为没有得到强化和巩固（比如做笔记），就像电影《头脑特工队》里面的"记忆小球"一样，很快就会被磨灭而遗忘。

"知道感"对大脑的意义是节约认知资源，当我们在短期内重复接触相同的事物时，大脑会产生"重复抑制"。其内在变化是神经元的激活水平会下降；外在变化是我们会对所要学习的知识和内容进行自动化浅加工。

也就是说，"知道感"只会让知识在大脑中进行粗略的浅加工，很难让知识在头脑中留下足够深刻的痕迹，形成长时记忆。

2. 刻意练习

丹尼尔·科伊尔（Daniel Coyle）在其著作《一万小时天才理论》中引用了"刻意练习"的概念。我们当中的大多数人都习惯用自己熟悉的方式去生活和解决问题，虽然这能够节约我们的认知资源，但是也让我们不再需要更多的思考。我们也因此很难取得长足的进步。

科学家们通过考察花样滑冰运动员的训练，发现在同样的练习时间内，普通的运动员更喜欢用自己熟悉的方式滑雪，而那些优秀的运动员则更多地练习各种高难度动作。

足球爱好者踢足球纯粹是为了享受踢球的过程，而职业球员则会集中练习各种让自己极不舒服的动作，比如反脚踢球。真正的练习不是为了完成运动量，而是持续地做自己做得不好的部分。

如果我们在学习和工作过程中想学到更深刻的知识，就需要适当地离开自己的舒适区，而不是反复用我们已经掌握的那些方式去解决问题。

即使我们不得不用同一种方式去解决问题，也应该增加"刻意性"，多去思考为什么这样做和怎样改进它。

为什么有些人工作了十年都没有取得精进，很重要的一个因素就是他的"知道感"。他们已经在长期的工作中知道某些方式可行，而且没有出过问题，当他们下次使用这些方式去解决问题时，他们可以熟练地操作，但其实已经不再思考了。

很多人的职业瓶颈就是这样产生的。再有难度的工作，也会在不断重复中被简化成"流水线"，技术含量被大大降低，当这些脑力工作被变成了体力工作，做再多也不会让人有明显的进步。

3. 信息提取练习

"知道感"会让我们错误地评估自己对学习内容的熟悉程度，很容易因此产生能力错觉。这就像我们对一道数学难题百思不得其解，一看答案就觉得自己会了。实际上，这是一种自我欺骗，自己对这些知识点并没有足够熟悉和掌握。

要真正掌握一个知识点，信息提取练习比单纯地多次阅读效果更好。也就是说，我们可以合上课本，试着尽可能多地回忆书中的知识点，而不是一直重复阅读。通过信息提取练习，能够真正加深对知识的记忆深度。

心理学家卡尔皮克（Karpicke）曾在《科学》杂志上发表过一篇关于信息提取练习的文章，他通过比较"反复阅读""信息提取练习"和"概念图（类似大纲）"这三种学习方法的效率，发现信息提取练习的学习效率远高于"反复阅读"和"概念图"。

"反复阅读"因为有太多的记忆线索，很容易让我们产生记忆错觉；"概念图"则因为过于简化，如果我们没有真正掌握知识，运用该方法容易让学习的内容变成空中楼阁。

而提取练习可以真正地抵抗大脑的信息压缩过程。在信息提取练习时，我们可以先阅读一次学习内容，然后试着尽可能多地回忆那些内容，这样才能够检验自己真正记住了多少。如果记得不够牢固，那就再读一次，并且继续回忆内容。反复几次之后，我们就可以真正记住那些内容，而不是因为"知道感"而误以为自己掌握了。

4. 短期效能的取舍

对于坏习惯，我们可以通过稳定的方式来改正，因为这符合我们大脑的"效率至上"原则。

但是在学习新技能的过程中，我们需要投入更多的时间和精力，也应该在时间允许的范围内多尝试一些办法。因为"刻意练习"虽然在初期会出现短期效能的降低,但是能够带来长远的成长。

以我的经验来说,我初学电脑的时候,总是对键盘感到很排斥,觉得用键盘输入的速度比我手写慢很多,所以我能用手写的时候就坚决不用键盘打字。后来实在没办法了,不得不学习用电脑处理文稿,当自己习惯了用键盘打字之后,才发现自己的效率提高了几个等级。

我们在学习一些新知识时,往往会选择熟悉的原有学习方式,排斥新方式。这会让我们错过更广阔的世界。如果我们想要更好地学习新技能,就一定要克制自己这种"喜旧厌新"的本能反应。

正如人们常说的,"我们不逼自己一把,就永远不知道自己有多优秀"。当我们习惯了新的行为方式后,我们的能力也会有所提高,这样也才能突破自己的成长瓶颈。

选择性注意力

我们真的全都学到了吗

认知心理学家菲利普·津巴多（Philip Zimbardo）认为，学习是基于经验而引起行为，或行为潜能发生相对变化的过程。我们通过对信息吸收和参与场景的体验，学会某种行为或获得行为潜能。

这就导致我们所学的知识有很大的主观成分，是基于某种场景的合成物。这会影响我们后期吸收其他知识，用一句话概括就是："一个人手里拿着锤子的时候，在他眼里看什么都像钉子。"

1. 立场决定注意力

如果我们长期处在某一个领域，我们的思维就会更多地关注这个领域的知识。即使出现了不是这个领域的问题，我们还是倾向于用自己的专业思维去思考这些问题。这就导致我们在学习一项新知识时，会不自觉地过滤掉很多信息。

著名心理学家丹尼尔·西蒙斯（Daniel Simons）和克里斯托弗·查布里斯（Christopher Chabris）为了研究人的选择性注意的现象，设计过一项实验——"看不见的大猩猩"。

在实验中，研究人员让所有被试观看一场篮球比赛的录像带。比赛球员分为"白衣队"和"黑衣队"。研究人员要求被试记录比赛过程中"白衣队"球员总的投篮次数。

在观看录像的过程中，研究人员让一个装扮成大猩猩的人走到播放录像的场地中间（保证所有人都能够看到他），这只"大猩猩"在场地中间来回走了多次，而且猛拍胸脯来吸引被试的注意力。

实验结束后，研究人员对大家的记录结果进行分析，结果发现，大家对"白衣队"球员总的投篮次数统计误差不大。但是，当被问及是否看到"大猩猩"的时候，超过一半的被试回答没有看到。

当研究人员要求被试记录"白衣队"总的投篮次数时，他们的注意力都被聚焦到了球员身上，即使出现非常明显的"大猩猩"，有的被试也没有看到。这就是我们在认知过程中常出现的问题——将我们的注意力都集中在某个点上而忽视全局。

当我们把注意力集中在某个特定的范围时，就会自发地忽视和屏蔽与我们的目标不相关的信息，从而被我们所掌握的单一维度的信息所拘囿。

2. 思维窄化

我曾经在网上看到有人提出这么一个问题：为什么越想赚钱反而越赚不到钱呢？

实际上，这就是因为在我们思考的维度不够高的时候，将自己的思维局限到了金钱上面。我们以为自己思考得非常全面，却因为自己的选择性注意而忽视了很多有用的信息，导致我们做出错误的决定。

如果我们固定了自己的角色，那么我们看待事物的观点就会非常单调。我曾经跟朋友说，我非常不喜欢微信的朋友圈功能，因为它让我感觉非常封闭，而且这个圈子里的大多数人都会碍于朋友关系而不会去否定我们的观点，这就会让我们产生一种错觉——我们是对的。

这在一定程度上也与我们的注意力选择性有关——我们选择了那些与我们观点相近的人做朋友。这就容易造成我们的思维窄化，很难看到更广阔的世界。反之，如果我们能够利用其他领域的知识来解释我们所面临的问题，则经常会受到新的启发。

3. 能力的"钉子理论"

有人提出过这么一个观点：我们的能力应该像一个图钉，需要在一个点上很精尖，也需要有足够的基本面保护自己，确保自己使用这个图钉时不会因按压图钉而受伤。

如果想要让自己在认知事物时更加全面和有效，最好的办法就是扩宽自己的思维面。

一些公司会为了营销产品而卖弄一些专业名词，让外行人觉得其产品非常"高大上"，比如把普通的不锈钢说成"奥氏体 304"。这些名词让人听起来感觉很有技术含量，但其实不过是很平常的事物。如果没有一些常识，就很容易被商家蒙蔽。

我们在看待事物、学习事物时，也需要有这种多从维度看问题的意识，既要在自己的专业领域有所长，也要对其他领域的知识有所了解。这样我们就不仅能让自己少受蒙蔽，也能在学习过程中得到更多启发。

所以，我们应该感谢我们的基础教育，它让我们获得了广泛的基础常识，拓宽了我们的思维。这样，我们就不至于产生过强的专业偏差，让自己的思维窄化和产生偏见。

▸ 攀登障碍

学习也是一个打怪升级的过程

学习的意义到最后都是为了应用。即使我们读"无用之书"，那些思想最后也会被我们用来构建自己的思维体系和价值观，进而指导自己的行为。

不过，无论我们读实用书还是"无用书"，如果想从中获得更多的收益，就需要将那些知识付诸实践，否则就很难领会到作者的思想和目的。

1. 学习的等级

美国教育学家本杰明·布鲁姆（Benjamin Bloom）在其著作《教育目标分类：认知领域》中，将学习目标分为三个领域：认知、情感、技能。又将认知领域中的认知过程由低到高分为六个层级：记忆、理解、应用、分析、综合、评价。

记忆：能回忆具体事实的概念、方法和原则等基础知识；

理解：能够解释和把握知识材料的意义，能够对事实进行组织，从而搞清事物的意思；

应用：应用信息和规则去解决问题或理解事物的本质，将其迁移到不同的情景；

分析：把复杂的知识整体分解，并理解各部分之间的联系，解释因果关系，厘清事物的本质；

综合：发现事物之间的相互关系和联系，从而创建新的思想并预测可能的结果；

评价：依照某种标准对信息的价值做出判断和比较。

在认知过程层级中，最简单的是对知识的记忆，最复杂的是对信息的价值做出判断。如果没有将自己所学的知识用于实践，我们对知识的理解就会一直停留在低等层级上，缺乏深度。

在大脑的运行机制中，我们不经常使用的知识会被消磨和"压缩"。由于最基础的那部分知识容易遗失，可能导致即使我们依然拥有推理和分析的能力，也无法更好地应用这些知识。所以，我们需要通过不断重复来巩固记忆。

德国心理学家艾宾浩斯（Ebbinghaus）通过实验发现，我们的遗忘规律是先快后慢。

所以要及时巩固我们所学的知识，以防遗忘。学习的最基本要素就是记忆，如果记不住知识，就很难去理解它，更不可能应用它。很多人可能会抱怨我们以前学各种知识时学了很多感觉没用的基础概念，其实这种看似没用的知识对于巩固知识及与其他知识进行关联，价值非常大。

2. 有效的学习方式

巩固知识最有效的办法是为别人讲解。

美国学者埃德加·戴尔（Edgar Dale）提出了"学习金字塔"理论，这个理论将记忆和学习的方式按效率从低到高分为：听讲、阅读、视听、演示、讨论、实践、教授给他人等层级。

最高层级的"教授给他人"的效率远高于"听讲"，最能够巩固我们对知识的记忆。在教授他人的过程中，我们会对知识进行语言和思维的加工，在这个过程中深化我们对知识的理解。

诺贝尔物理学奖获得者理查德·费曼（Richard Feynman）便是这一学习方式的实践者，他会在学习的过程中，试着向别人讲解自己所学的内容，以此评估自己对知识的掌握水平。如果他在讲解时无法准确描述概念让对方理解，他就会再次巩固所学的知识，直到能够给别人解释明白。

　　这其实就是"以教促学"。通过向他人讲解知识，加强自己对知识的提取。一方面，我们需要准确记忆所学内容，才不至于"以其昏昏，使人昭昭"。另一方面，在为别人讲解时，如果自己对知识掌握不牢固或理解不够，就很容易被对方的质疑给难住，这使我们可以在对方的提问中找到自己的知识盲区。

　　总之，擅长思考的人能够用小孩子都能听懂的语言去解释事物，真正做到深入浅出。如果我们想让自己的学习更有效，更有收获，就需要将所学知识用起来，试着跟别人分享。这样，我们才能够在知识的深度处理方面有所进步，思辨能力才会有所提升。

忘掉不开心

遗忘是大脑的自清理过程

传统看法都认为遗忘是被动的过程，不利于我们学习和记忆。但越来越多的研究表明，遗忘并非被动的、消极的，它对我们的大脑也有许多积极的作用。

那么，为什么会发生遗忘呢？

一个原因是，我们对记忆材料没有给予足够的注意，也就是编码不足。这就像我们把一篇课文读了无数遍，但是当老师突然要求我们背诵全文时，我们还是很难完成任务。因为我们的加工深度不够，课文的很多细节没有进入长时记忆。所以当自己需要这方面的信息时，自然无法提取出来。

可是，为什么经过不断强化的长时记忆也会遗忘呢？目前得到最多验证的学说是干涉理论——我们先前学到的知识会影响后来学习的知识，而后来学到的知识也会干扰前面所学的知识。干扰程度越大，遗忘的信息越多。

《细胞》（Cell）杂志上发表过一篇关于遗忘的生理研究文章。研究者以果蝇作为实验对象，找到了调控果蝇信息的遗忘蛋白，并通过遗传学手段控制这种蛋白的含量。

当研究者消除果蝇体内的这种"遗忘蛋白"时，发现果蝇的遗忘速度变慢了；而慢慢增加"遗忘蛋白"含量时，果蝇的遗忘速度又增加了。

随后，他们再以此去证明干涉理论，发现当消除果蝇体内的"遗忘蛋白"时，果蝇在学习两种行为时记忆之间的影响明显下降；当不减少"遗忘蛋白"，并且让果蝇学习另一种行为时，这种"遗忘蛋白"的含量增加了。

这在很大程度上证明，遗忘并非生物体的被动行为。在学习新的事物时，生物会通过控制这种蛋白的分泌，让自己适当地遗忘，以便腾出认知空间学习新事物。

从生物学的角度看，遗忘可以减轻大脑的负担，降低脑细胞的消耗速度。我们的大脑细胞以每天 10 万个左右的速度凋亡，而如果我们不能忘记那些不开心的事情，脑细胞的死亡速度会增加几倍甚至几十倍，这就大大增加了大脑的负担。

而遗忘能够让自己不那么痛苦，大大减少这样的消耗。

把信息中不重要的部分忘掉，可以减少信息的冗杂度，从而减轻记忆和认知负担。这就相当于清除手机缓存，删除不常用的文档，腾出更多存储空间。

莫斯科大学曾有一位大学生意外摔倒，大脑受到撞击。从此，他拥有了过目不忘的记忆力，像《真理报》这样的大报，只要他阅读后，从头版到第八版，每篇文章他都能倒背如流。

但是他经常感觉头痛得像要炸开一样，因为记的东西太多了，大脑得不到休息。可见，缺乏遗忘能力会让我们的大脑承受更多的压力，让大脑受到更多的损害。

所以说，遗忘是一种生物本能，让我们不至于被生活琐事所淹没。遗忘不仅能够减少大脑的损耗，减少我们的痛苦，还有利于我们学习更多的东西。

愉悦的情绪 ◂

大脑效能最佳的学习状态

影响学习效能的因素还有很多，而其中最常见的主要有情绪和环境。

好心情、好身体

有足够的研究表明，愉悦的心情对我们的身心有积极的意义。愉悦的心情不仅能够提高个体免疫力，而且能够提高记忆效率。

马里兰大学的迈克尔·米勒（Michael Miller）和他的同事做过一项研究，他们将被试分为两组，一组观看喜剧型电影，另一组观看焦虑型电影。

他们发现，总体而言，看完焦虑型电影的被试血液循环速度约降低了 35%，而看完喜剧型电影的被试血液循环速度约增加了 22%。而血液循环的快慢与大脑供氧和一些心血管疾病有关。当血液循环较快时，我们不容易患上心血管疾病，而且有利于维持血氧含量，保持大脑的清醒状态。

后来的其他研究也发现，当我们心情愉悦时，大脑会分泌一种叫作内啡肽的神经递质，它能够帮助我们减缓疼痛。

另外，当我们心情愉悦时，体内的免疫球蛋白 A 的含量也会增加，进而使我们能够提升免疫力，保持身体和大脑的健康。

压力对大脑的影响

相反，如果我们长期处于很大的压力下，体内就会分泌压力激素皮质醇。皮质醇会帮助我们在短时间内释放大量的能量，去面对让自己感到不安的环境。

但是，当皮质醇含量过高时，我们的肌肉、肾脏和脂肪都会受到损耗，使身体变得消瘦，排毒功能被削弱，这个时候也就更容易生病。另外，皮质醇也会引发身体炎症，导致我们生病。

另有研究表明，当我们长期处于很大的压力下，大脑会发生明显的萎缩。

美国道格拉斯医院研究中心的索尼亚·卢·佩恩（Sonia Lu Peien）博士和他的同事利用 6 年时间测量了皮质醇含量对大脑的影响。

结果发现，那些体内皮质醇含量持续过高的人在记忆测试中成绩较差，他们大脑中负责认知与记忆的海马体也会显著变小，这使得他们更难以记忆和学习。

慢性压力还会让大脑中负责情绪的中枢杏仁体区域的神经细胞联结变少，进而导致我们的情绪不稳定和心烦意乱。

最可怕的是，长期处于高压力环境还会引起我们大脑的"自控中枢"前额皮质发生萎缩，这会导致我们在做一件事情时很难控制自己的思绪，不能阻止自己胡思乱想。

总之，当我们长期处于压力很大的环境中时，大脑会发生萎缩，身体会受到很大的耗损，严重时甚至会导致病变，而这些都不利于我们的学习和工作。所以，我们要学会调节自己的情绪。

环境解压法

当然，当我们在工作和学习时，有很多种缓解压力的办法，我们可以先从环境入手。

英国萨塞克斯大学曾做过一项研究。他们让一些有心理健康问题的志愿者分别在乡间丛林和室内购物中心散步 30 分钟。

结果发现，在林中散步者有 71% 的人感觉抑郁程度降低，而且有 90% 的人感觉自信心增加；而在室内散步者当中，只有 22% 的人感觉压力减少，50% 的人认为压力增大，44% 的人自信减少。

为什么会出现这种现象呢？这是因为，丛林中的绿色和青色会吸收强光中对眼睛有害的紫外线，使紧张的眼睛适当缓和，也减少了对视网膜和大脑皮层的刺激反应。

人们后来还发现，土壤会释放一些令人放松的愉悦因子，它们会与大脑发生反应，让人产生愉悦感。所以如果想放松心情，可以尝试去草地上散散步，这样可以很快减少压力，让自己的心情好一些。

另外，如果我们长期生活在一个较狭小的空间，思维也会受到一定的限制。美国明尼苏达大学心理学家通过数年的研究发现：天花板的高度会激活我们大脑中的某种概念。

当我们处于一个封闭的空间时，天花板的高度往往会影响我们思维界限的延伸，如果天花板比较低，就会让我们的决策倾向于拘泥和狭隘；而如果天花板足够高，我们的思维和灵感也会更加活跃。

所以，如果想让自己的头脑产生更多的创意，想出更多解决问题的办法，可以尽量去比较空阔的地方。

·

第五章

扔掉低配

高效学习的核心配置

---·---

　　学习对人的重要性，就像吃饭一样不可或缺。但是，就像吃饭一样，我们可能吃进健康的食物也可能会吃进不健康的食物，或者不知道怎么吃某种食物，我们在学习过程中也会遇到这样的问题——学什么和怎么学？接下来，我们就围绕这两个问题进行更深入的思考。

---·---

关联的知识 ◂

灵感的来源、思维的提升

心理学家认为，记忆是对信息的编码、存储和提取。这其实与电脑保存信息的过程类似，我们先通过键盘和鼠标输入信息生成文件（编码），然后将其保存到硬盘（储存），当我们需要用的时候，再打开文件（提取）。只有这三个过程都顺利，我们才能够准确地描述一个事物。

比如有人问我们"澳大利亚的首都是哪个城市"，如果我们答不上来，那么可能是我们在之前没有听说过，也就是我们从来没有对这部分知识进行过编码；而如果我们听说过这个知识，但是已经毫无印象，这是因为我们没有将其储存下来；如果我们听过而且能够回忆起这个城市的相关信息，但是无法说出来，那就是信息提取失败了。记忆中任何一个环节缺失，我们都无法回答别人的问题。

为什么我们对有些信息可以轻而易举地回忆起来，对有些信息则却很难回忆起来呢？层级加工理论认为，对信息的加工水平决定了记忆的效果。

最初的加工水平越高，记忆的效果越好。当注意力分散时，大脑对信息的加工水平相对较低，信息也就很难进入我们的记忆。同时，记忆内容越与众不同，之后也越容易想起来。

我们可以根据这个理论改进学习策略，即通过增加所学知识的联系节点来实现信息和知识的深度加工。我们将某一个知识与其他知识进行关联，实际上是在增加这个知识的提取线索，知识的提取线索越多，我们对知识进行运用时就越简便。

我有个朋友，有一次他参加辩论赛，觉得对方的话中漏洞非常明显，但是自己无论如何都想不起来如何辩驳对方。但是比赛结束后，他离场走着走着，突然想起可以如何反驳对方，但为时已晚。

出现这种情况是因为，一些记忆会结合相关的场景而产生，我们可能在一个场景下能够回忆起某些知识，但是换一个场景，提取相同知识的难度就增加了。这就好像一个英语单词在一个句子中时，我们能够记起它的大意，而把它单独呈现给我们，我们识别起来就会感到有点困难。

如果我们在不同的场景下学习某些知识，就可以避免这些知识只能在特定的场景下才能记起来。因为当知识涉及的线索增加时，它在我们大脑中留下的痕迹会更为持久。

我们常常提及的关联学习法，其背后的心理学理论正是层级加工理论。我们通过对知识和事物进行比较，区分它们的不同，同时也关联它们的相似点。

而记忆的一种重要方式就是在经验的基础上建立联系。关联记忆法也符合我们的记忆规律。我们的思维对某个知识比较得越宽泛，关联的事物越多，我们对这个知识的记忆也就越牢固。

婴幼儿在学习事物命名时，本质上也是在进行关联学习。当孩子长到 10 个月大时，他们会意识到每样东西都有一个名称。然后通过将视觉上看到的内容与语言中学到的内容相结合，从而学会为每一个事物命名。

美国的教育学家曾对学龄儿童进行过统计，发现那些能够知道一个单词有多重意义的孩子理解能力更强。这也就是说，对一个单词进行多重关联，可以让学到的相关知识更加巩固。

信息学家乔治·米勒（George Miller）在他的论文《神奇的数字 7±2：我们信息加工能力的局限》中提出，在记忆编码过程中，最简单的方式就是将输入的信息分类，然后加以命名，最后储存的信息是这个命名而非输入的信息。

该论文还提到，大脑的短期记忆无法一次性容纳 7 个以上的记忆项目。

虽然一些研究开始质疑他这种假设，但是这个假设在解释一些现象时也有一定的合理性。当大脑需要处理多个记忆项目时，就会开始将其归类到不同的逻辑范畴中，以便于记忆。

举个例子，妈妈对你说："你去超市买点东西吧，要买土豆、橘子、葡萄、酸奶、牛奶、鸡蛋、胡萝卜、咸鸭蛋、苹果。"

面对这么多项目，可能当你走到超市的时候，就已经忘了很多了。此时，为了记得更牢固，你可以将这些信息根据其性质进行同类项合并。

蔬菜：土豆、胡萝卜。

水果：橘子、苹果、葡萄。

蛋奶：咸鸭蛋、鸡蛋、酸奶、牛奶。

将十多个项目划分为三个大类，可以让自己思维的抽象程度提高，产生塔式链接，从而更容易记住它们。这就像图书馆里的图书索引，通过将图书分门别类，便于读者更快捷地找到需要的图书。

同样，在上面这个例子中，你就不用一下子记住所有单品，而只要记住它们分别属于三个组即可，通过这样的层级加工，就达到了节约认知资源的目的。

层级加工可以帮助我们记忆并加深对知识的理解。此外，类比迁移也是一种特别有效的学习方式。

学习过程一般是一个自上而下的过程，我们需要用已知的知识去理解未知的知识。而类比就是一个可以"以旧带新"的学习方式。

我记得中学学电流、电压和电阻的关系时，老师用水管里的水流来类比，说电流就像水流，电压就像控制水压，电阻就像水管里的杂物。虽然两者有本质的区别，但是以我们当时的认知水平，这种类比确实让我们很快记住了这些物理量之间的关系，并且比其他知识记得更牢固。

将抽象的概念赋予形象的类比，可以让我们更加得心应手地学习各种知识。这一点也得到了很多教育学家的认同，并且将其运用到了教学工作中。试着回想一下，我们的小学课本是不是充满了大量的类比内容呢？不同的拼音发音与各种动物的叫声类比；学习分数的概念时用了切蛋糕等生活例子……

当学习一个新概念或新知识的时候，可以试着思考有什么生活化的例子或其他领域相似的事物来类比。

比如我在学习大脑神经组织时，有一个概念叫作髓鞘，它是一种脂质"绝缘组织",能够帮助传递神经元信号。我就把它类比为电线表皮,有防止"漏电"和保护信号等功能。而在学习信号检测论的时候,我就把人的知觉功能类比为雷达,它可以帮助我们识别信号。这样,我很容易就记住了这些知识的特点和功能。

总之,学习新知识时,如果我们有大量已有知识辅助理解,会事半功倍。而能够与之联结的知识越多,我们就会掌握得越牢固。

高效巩固 ◂

集中学习 vs 发散学习

根据学习时间分配的不同，可以把学习方法划分为两种。一种是集中学习，指在较长时间内不间断地反复学习；另一种则是分散学习，指有时间间隔的间断地学习。

我们经常说的考前突击，就属于集中学习。这种学习方法虽然能够让我们在短时间内获得足够的信息去应对考试，但是很难让我们学到真正的知识，大多数知识会在考试后很短的一段时间内忘光。

但是，集中学习法也有非常强大的优势。尤其是对那些学习能力强的人来说，运用集中学习法，他们能够在短期内学会一门技能的基础知识。

在合理限度内，我们可以通过集中学习巩固所学的知识，这非常有利于我们掌握知识。但是，如果持续学习超过一个限度，自己可能会感到疲倦和厌烦，学习的效率也会递减。

如果我们想运用集中学习法，需要注意相似知识重复的频率和次数，并尽可能将相似的知识分开学习。这样就不会触发心理的超限作用，对所学知识感到更多的疲劳和厌倦。

当我们希望从知识当中获得灵感和发现时，集中学习的效果明显优于分散学习。因为集中学习能够让我们在短时间内接触到大量的信息，这增加了信息之间联结的可能性。而发散学习因为更加零散，且信息较少，所以能够实现的联结也较少。

但是，如果想要真正学习并巩固知识，分散学习的优势大于集中学习。有足够的研究证明，无论是学习运动技能还是学术知识，分散学习的效果都更好一些。

美国心理学家劳勒（Lawler）和他的同事在 2006 年做过一个关于分散学习和集中学习的实验。他们对 116 名大学生进行了测试，让这些学生学习后解 10 道数学题，这些学生被分为两组，一组学生集中学习 10 天，另一组学生分两次（间隔 1 周）学习，每次 5 天。

他们对这两组学生的学习效果进行跟踪测试，结果发现，学习结束 1 周后，集中学习的学生掌握的情况（75%）略高于分散学习的学生（70%），但是学习结束 4 周后再次进行测试时，分散学习的学生成绩（64%）远高于集中学习的学生（32%）。

而在另一个实验中，劳勒将邮局的职员分为四组，让他们分别采用不同的模式练习打字。

第一组：每天练习 1 次，每次 1 小时；

第二组：每天练习 1 次，每次 2 小时；

第三组：每天练习 2 次，每次 1 小时；

第四组：每天练习 2 次，每次 2 小时。

实验结果表明：每天练习的时间越短，达到相同练习效果的用时也越短。比如同样达到打字速度 75 字 / 分水平，第一组职员平均花了 45 个学时，而第四组职员平均花了 70 个学时。

这都证明了分散学习对掌握一项技能的重要性。所以，当我们在阅读一本书时，如果一口气读完后就扔到一边，可能过不了几天就会忘记。但是如果我们进行分散阅读，对书中知识的理解很可能会更透彻一些。

这两种学习方式各有所长，我们可以根据自己的需求采取不同的学习方式。但是，想要真正掌握新的知识，重复是必不可少的。如果我们能控制好重复的频率和次数，则能有效提高学习效率。

疲惫的身心

大脑学习的低效率状态

我相信没有人会否认锻炼与睡眠对我们大脑的积极作用。

那么，它们都是通过哪些途径影响我们的呢？

加州大学伯克利分校的心理学教授马修·沃克（Matthew Walker）在 2005 年进行了一项实验，研究指出，睡眠不足会剥夺学生获取新知识的能力。

他们对 28 名参与者进行了研究，要求参与者记忆一组图片，这些图片包含人物、事件、地点等信息。并要求其中一半的参与者在实验前一晚保证正常睡眠，另一半的参与者则被要求在实验前通宵保持清醒状态。然后经过两天正常睡眠调整之后，再测试他们对图片的记忆结果。

研究者发现，实验之前被剥夺过睡眠的学生比保证正常睡眠的学生平均少记住 19% 的图片。

正如跑步后身体需要休息才能恢复体力一样，大脑在快速运转之后也需要得到相应的休息才能继续高效运转。美国《科学》杂志在 2013 年刊登过一篇文章，证明睡眠有助于人体清除脑内代谢废物。

当我们处于睡眠状态时，小脑的网状结构会发生变化，方便脑脊液与体液进行交换，带走大脑中的一些代谢废物，其中就包括会引发"老年痴呆"的 β - 淀粉样蛋白。

而且当我们睡眠不足时，免疫能力也会受到损耗，使我们更容易患上心血管疾病和肥胖症。

如果我们长期缺少睡眠，大脑的细节加工能力也会受到干扰，使我们更容易对别人的行为产生误解。所以，一些长期熬夜的学生和职场人士会对环境更加敏感，甚至觉得周围环境充满恶意，因为他们在理解他人的行为时，在细节上存在一定的扭曲。

诸此种种，睡眠不足会让我们的学习能力和工作效率严重下降。

睡眠如此重要，那么，我们该如何提高睡眠质量并适当延长我们的睡眠时间呢？

BBC 曾根据大量的心理和生理研究，拍摄了如何才能更好睡眠的视频——《睡眠十律》。其中讲了 10 多种能够帮助我们更好睡眠的办法。大家感兴趣的话可以自行搜索观看。我个人觉得下面几种方法都是较为实用和简便的方法。

第一，体温从高降低有利于产生睡意，所以睡前可以洗个热水澡。在睡前 1 ~ 2 小时，用 37℃左右的水洗个热水澡，不仅可以让身体产生体温从高降低的感受，还可以促进血液循环，促进代谢白天产生的"身体垃圾"，如乳酸。这都非常有助于睡眠。

第二，光线会抑制褪黑素（睡眠因子），所以睡前要尽量降低睡眠环境亮度。越来越多的人会产生失眠，一个重要原因就是电子产品的光线会影响生物钟。我们的视觉神经会通过知觉光线来调整身体状态。当周围光线比较暗时，大脑中的松果体就会分泌褪黑素，促进我们睡眠；而如果我们把电子产品放在身边，电子产品发出的光线就会影响褪黑素的分泌，导致我们没有足量的褪黑素促进睡眠。

第三，睡前不宜饮用咖啡、茶、酒。因为咖啡和茶含有咖啡因，会让我们更加兴奋，不利于入睡；而饮酒则不利于深度睡眠，很容易造成起床后困乏。

第四，保持固定的睡眠习惯和起床习惯，培养身体的睡眠生物钟。我们的作息一旦固定下来，会非常容易入睡。因为身体自发形成的生物钟会影响激素的分泌，让我们"准点"工作和"准点"下班。

如果你长期失眠，而且每晚都难以入睡，想一想自己有没有摄入过量的咖啡因，是否习惯于把手机放在床头，入睡前总是三番五次拿起手机。

如果以上两点都没有，那就要看看自己有没有强迫自己入睡的想法。我们的大脑很奇怪，一旦有了一个想法，大脑会自发监督其完成情况。如果我们内心想着"一定要入睡"，当我们快入睡时，大脑就会提醒你"你快成功了"。而这个善意的提醒又会让你精神起来，反而更加睡不着。所以，我们不要太刻意要求自己必须入睡。

还有一个建议就是进行一定强度的运动，比如快跑 3 公里，甚至 5 公里。很多关于睡眠的研究也证明了这一点。运动会导致身体疲劳，而身体疲劳有助于深度睡眠，提高睡眠质量。而且高强度运动也会促进血液循环，提高心血管功能和身体调节能力，也会促进睡眠。

最后，希望大家能够睡个好觉。

‣ 浮躁的解除

如何更好地利用网络提升自己

社会学家认为，人类社会的进步一直都是在做自己身体的延伸，比如利用棍棒延伸了自己的手，利用汽车延伸了自己的脚，利用望远镜延伸了自己的眼睛，利用电话延伸了自己的嘴巴。

而网络的使用，本质上是在对我们的思维进行延伸。利用互联网进行思维的提升也会是未来的趋势。

虽然目前通过网络学习知识存在非常多的问题，比如很多人感到通过网络学习不如传统的阅读和学习方式那么有效率，但是这就像汽车刚被发明时跑不过传统的马车一样，最终，马车还是会被汽车远远超过。

所以，我们也需要慢慢习惯新的事物，这样才不至于被社会淘汰。那么，目前利用网络进行个人提升存在哪些问题呢？

目前，通过网络学习存在的最大问题是"虚假学习感"——跟我们期末考试复习一样，看过就忘，即便不忘也不会用，即使会用也用错地方。

当我们面对铺天盖地的信息时，这些信息会极大地占用我们注意力的广度，使我们很难集中在一小部分信息里面，无法保证我们思维的深度。即使我们所阅读的知识拥有一定的深度，但是由于我们无法集中注意力去理解它，所以我们能够明白的知识其实也非常少。

信息专家约翰·奈斯伯特（John Naisbett）曾说："我们简直要被信息的海洋淹死，但终因缺乏知识而饿死。"在互联网时代，信息和知识都在不断增加，但是信息的增加速度远超知识的增加速度。这就造成了另外两个问题。

一方面，我们从信息中筛选知识的成本越来越高，系统地学习知识的难度增大；另一方面，为了方便我们理解，减少消化时间，媒体将内容尽可能进行了简化，只提供关键信息，难以培养起我们对知识的深度思考能力。

不过，即使网络学习相对传统学习方式存在诸多不足，但随着技术的发展，传统的学习方式还是会慢慢被更广泛地取代。那么，我们该如何更好地适应通过网络学习呢？

其实，无论是哪种形式的学习，做笔记都是非常好的学习方法。我个人就有多达 30 本笔记。即使是在网上看到一些文章，我也会把其中比较有收获的知识记下来。久而久之，我的知识广度和深度都会不断增强。

在布朗（Browne）和基利（Keeley）的著作《走出思维的误区》中，将我们对知识的涉猎过程称为"海绵式学习"。这种学习方式能够很好地积累我们的知识广度，但是我们却无法对其进行有效的利用。

而我们做笔记的过程实际上则是"淘金式学习"。我们必须学会筛选哪些知识值得记，哪些不值得记。在这个过程中，我们对知识的加工更具深度，条理性更好，且能慢慢培养起自己的辩证思维能力。

另外，从心理层面上，做笔记还能带动更强的注意力。我们做笔记时，需要对知识进行加工和理解，这也就保证了知识的记忆效果更好，不容易遗忘。

做笔记并没有特别的技巧，只要能够帮助我们记住和理解就可以了。我一般会将不错的内容摘抄下来，并且在旁边标注一些案例，或者写上这些内容的适用条件。

很多人还会用思维导图来做笔记，这其实并不是一个很好的笔记方法。尤其是我们对内容的理解还不到位时，思维导图由于过度简化了内容，会导致我们在理解上出现很多偏差。而且这一方法还会让人产生能力错觉，以为有了思维导图就掌握了知识体系，实则只是空中楼阁，华而不实。

总之，经常做笔记能够大大减少通过网络学习带来的"虚假学习感"问题。

‣ 构建知识体系
大脑认知资源的节能模式

如果我们对知识缺乏足够的理解，就很容易受到外界的影响，会觉得这个有道理，那个也没错。

很多自媒体利用那些不可以量化的指标，告诉大家什么是对的，什么是错的。如果缺乏足够的知识，有的时候确实挺容易被人左右的。

那么，怎样才能够减少这种情况发生呢？那就是要构建完善的知识体系。完善的知识体系不仅能够强化自己的思辨能力，也能够加强自己对事物的分析能力。

知识体系之所以能够被称为体系，是因为它拥有体系的属性。而结构决定性质，性质决定功能。我们想要建立一个完善的知识体系，就要从体系的共性和知识的个性去分析。

体系泛指一定范围内或同类的事物按照一定的秩序和内部联系组合而成的整体，是不同系统组成的系统，它具有以下性质。

1. 多元性

体系的"系"的第一层意思是系列，意味着体系的形成是非单元的，必须由多种元素组成。正所谓"单调不成乐，单木不成林，单人不成群"。也就是说，单一的知识不算体系，所以构建体系的前提是拥有足够的元素，也就是我们常说的元认知——对事物认知的认知。如果想要构建一个知识体系，我们需要吸取足够的元认知。

就拿我来说，我的很多知识都是小时候从《十万个为什么》和《蓝猫淘气三千问》里学来的。在当时那个年龄，这些读物也算是通识教育读物了，至今我都觉得深受裨益，因为小时候学到的知识对每个人世界观的构建更为基础，影响更大。

另一方面，体系的基础是系统，系统的基础是元素。也就是说，我们需要增加的元素需要有多元的特点，而不只是对某个角度的重复。学过生态学就会知道：增加物种多样性，可以增加生态系统的稳定性。而知识系统稳定的第一步，同样也需要吸收足够多的差异性元素。

2. 相关性

体系的"系"的另一层意思是捆绑、关联。我们把不发生关联的组块称为非系统，只有发生关联的组块才能够成为体系。一栋砖瓦房是一个体系，把它拆成砖瓦后，它就不再是体系。知识也需要这样的机制来实现体系的构建。

构建体系的关联方式有很多种，如链式、塔式、环式、树状式、网状式。其中最为稳定的是树状式和网状式。前者能够增加知识的层级结构，实现分类和规律化，后者则能够通过交互关联实现稳定。

所以，我们在学习的过程中，要尽可能将知识梳理成思维导图（树状）的形式，并且通过举一反三（网状）的形式巩固。这样，构建体系时也可以更加省力。

3. 统一性

体系的"体"强调的是整体和协调。知识体系构建到最后是价值观的形成，然后会是能力的反映。当我们的知识体系形成统一的整体时，则意味着我们将知识合多为一。这里的"一"属于从属关系的最高层级，决定着其他知识的构建。

体系必定以整体存在，整体地运行、延伸，产生关联。但是任何过程都有其主导因素，就像哲学思想中所讲的矛盾分为主要矛盾和次要矛盾一样，知识体系的构建也分为主导因素的构建和次要因素的构建。

我们所能接收到的信息会因为这个主导因素而有所区别。而这个主导因素就是我们学习知识的目的性——猎人进山看到的是猎物，药农进山看到的是药材。所以，当自己在构建知识体系时，明确目的可以减少不必要的枝节。

4. 非线性

萧伯纳（Bernard Shaw）曾说过："我有一个苹果，你有一个苹果，我们交换后，每人还是只有一个苹果。你有一种思想，我有一种思想，经过思想交换后，我们都有两种思想。"知识的提升并不是单纯的累加，体系的构建也不是"1+1=2"；而是像我们小时候咿呀学语，通过不断尝试，突然学会了说话。

知识体系的构建也有这样的规律，它会在我们的量变积累到一定程度后产生突变，进而自发形成完善的体系。"念念不忘，必有回响"，当自己的知识输入量和状态量基数大到一定程度时，甚至可以自发形成体系，产生输出。

很多人都希望自己能够获得独立思考能力，向别人学习一些技巧可能会有效，但是如果没有足够多的知识基础，这样的逻辑思维能力很容易变得空洞，就像一幅没有内容的框架或没有实质的空心球一样。

5. 秩序性

任何系统都有其内部运转规律，知识体系也不例外。体系的紊乱除了突变因素，更多的是因为秩序被打破。在构建知识体系之前，我们需要有明确而高效的秩序，以支撑体系的有序运行。

那么，怎样构建这样的秩序呢？其中的关键在于我们要懂得如何筛选知识，避免吸收低级知识，减少无用信息带来的紊乱，否则就会像电脑碎片文件多了会卡一样，我们的大脑中的碎片信息多了，也会变迟钝。

　　知识的有效性取决于它能带给我们多少确定性，让我们对事物有更多的了解。八卦消息、低俗网络小说，实际上并不能为我们带来多少确定性的信息，避免这类无效信息是构建有效秩序的最基本要求。

第二部分

反本能之群体接触

让自己成为高情商的人

"情商之父"丹尼尔·戈尔曼（Daniel Goleman）将情商划分为以下五个维度：

（1）认识自身情绪的能力；

（2）妥善管理情绪的能力；

（3）自我激励的能力；

（4）认识他人情绪的能力；

（5）管理人际关系的能力。

懂得与人交往是高情商的表现之一，这样的人也更容易适应社会。一个高情商的人，往往能够很好地认识到别人的情绪和需求，并对其保持尊重。在与人接触中，他们会顾及别人的情绪和需求，并且尽可能去满足对方的需求。

人是具有高度社会性的动物，社交是我们生活中必不可少的一部分。通过分享信息，跟他人讨论有趣的话题，我们也能够获得更多的乐趣。在相互的自我暴露中，彼此之间的了解会越来越深，两个人的关系也会变得更密切。

能够与他人建立亲密关系，也能让我们的生活变得更有趣。

当然，我们的社交过程并不总是一帆风顺的，我们也会经常遇到观点不合、相互误解等情况。如果双方分歧较大，而且在表述过程中的语气让对方误解，就会产生矛盾和争执。

面对一个"自我中心主义者"时，我们可能会很无奈，因为他们无法站在别人的立场上考虑问题，即使我们试图去解释和沟通，对方依然我行我素。

尤其是在网络环境中，比如我们在一些平台上表达自己的观点被人误解而招致别人口诛笔伐，面对这样头疼的问题，我们该怎么办呢？

另外，我们也可能因为与他人的争论和误会而非常苦恼，沉浸在负面情绪中不能自拔，脑海里不断回忆着争论的画面，感到非常委屈或后悔。即使这些回忆无济于事，我们还是控制不住自己的思想，进而陷入恶性循环，越回忆，负面情绪越多。

　　还有，我们的很多工作也需要与他人协力完成。如果无法处理好人际关系，无法得到更多的社会支持，自己可能会被淹没在琐事之中，很难完成自己的任务。

　　每个人都希望被别人理解，但总会有不被人理解的时候，有时甚至被误解。那么，为什么别人会不理解我们在说什么？怎样做才能让别人理解我们？我们又该如何才能与别人更好地相处呢？接下来，让我们就此一起进行讨论吧。

◆

第六章

不如愿的接触

社交过程中的盲区

　　有个大学生曾经跟我反映，她在宿舍里非常尊重别人的利益，不去影响别人，但是别人却不能跟她一样相互尊重。也有人问我，自己一直安安分分地做一个普通人，为什么无缘无故会被别人挑毛病？那么，是哪些原因造成了这些问题呢？

"听我的！"

控制欲是人际关系的"杀手"

我们知道，很多动物都会通过留下排泄物或者气味，告诉其他同类这是自己的地盘。如果其他同类进入这个区域，会遭到"地主"的攻击。实际上，这就是一种对环境的控制本能，让其他同类不敢随意进入自己的地盘，进而获得安全感。

作为进化的遗留，人类也有这种需求，尤其是男性，会尽可能对自己身边的事物保持控制，从而获得安全感。虽然留下体味等原始方式已经被淘汰，但是人的控制欲并没有消减。

心理学家德西（Deci）和瑞安（Ryan）的研究表明，完善个人控制系统，可以真正增加个体的健康和幸福。而另一位心理学家卢拜克（Rubaek）和他的同事通过对囚犯的观察发现，那些对环境有一定控制权的囚犯——控制对象可以是一把椅子、自己开关电灯等，都会有较少的压力体验，较少出现健康问题，并且会有更少的故意破坏行为。

心理学家蒂姆科（Timko）和莫斯（Moos）则通过对家庭和谐状况的研究发现，一个人如果可以自己决定早餐吃什么，晚睡还是早起，可能活得更久、更快乐。

很多研究都证明了控制感的重要性和积极意义。一旦失去了这种对环境的控制感，动物的警觉就会被唤醒，处于备战状态。人类也是如此。

如果环境没办法给我们控制感，那么我们会感到不安和警觉，会更敏感，更易激动。所以，当别人不能满足我们时，我们就会感到丧失了控制感，进而被唤醒"战斗"的应激状态。

每个人都有对环境和他人的控制需求，虽然程度不一样。尤其是恋爱中的双方，一些人会对对方产生很强的占有欲，甚至限制对方与其他异性接触。

在家庭中，父母的控制欲往往表现为迫使子女朝自己希望的方向成长和发展。这会让孩子丧失对环境的控制感，进而产生排斥。而孩子的抗拒又会进一步让父母感觉控制感降低，引起进一步的管控，进而形成一个死循环。

一些人对环境的控制需求较少考虑别人对环境的控制需求，这就很容易侵犯到他人的空间，造成双方的矛盾。

比如，有人在宿舍里将视频的声音开得很大，不考虑别人的感受，你对他说："你的视频开的声音有点大，可以关小声些吗？"如果对方是个控制感很强的人，反而会觉得你侵犯了他的权利，不仅不会按你要求的去做，反而会恶意回应你。

由于宿舍的空间狭小，每个人对环境的控制需求都很难得到满足，彼此无法有足够的安全感，所以很容易产生矛盾。

在这种情况下，我们可以用后面提到的"自我实现预言"的方式去提建议，对方也许就不会有那么强的反应。反过来，如果我们对环境的控制感比别人高，就需要不断地提醒自己：这其实是进化的遗留问题，并不是对方有意"侵略"。

"我就知道！"

吵架时为什么总想否定对方的一切

　　我偶尔听到我朋友和他女朋友吵架，比如有时候他因为要加班而不能赴约，他女朋友开口就会说："你一点都不爱我。"

　　其实，很多人在争吵时，都会出现这种情况——绝对化。把当前的偶发状况，延伸为对方的行为模式，进而全部否定。这其实就是心理学上的"验证性偏差"——当我们在主观上支持某种观点时，往往倾向于寻找那些能够支持该观点的信息，而忽略那些能够推翻该观点的信息。

　　比如，当市场上形成一种"股市将持续上涨"的信念时，股票投资者往往对有利的信息或证据特别敏感或容易接受，而对不利的信息或证据视而不见，从而继续买进股票，进一步推高股市；相反，当市场形成下跌恐慌时，他们就只能看到不利于市场的信息了，从而进一步推动股市下跌。

　　1951 年美国大学生足球赛，达特茅斯印第安人队对阵普林斯顿老虎队。这是一场非常粗暴的比赛。在整场比赛中，普林斯顿老虎队一个队员的鼻梁断了，达特茅斯印第安人队一个队员的腿断了。然而，两所大学的报纸对这场比赛的评述截然不同，都认为是对方球员的犯规次数更多，更没有道德。

　　出于好奇，社会心理学家阿尔伯特·哈斯托夫（Albert Hastorf）和哈德利·坎特里尔（Hadley Cantril）做了一个实验。他们从达特茅斯大学和普林斯顿大学随机抽取了一些学生组成两组被试，安排被试在同一个房间观看那场比赛的录像，然后用相同的评价系统来评价两支球队的犯规情况。

　　比如，当被问到是不是达特茅斯队的队员先动粗时，36% 的达特茅斯大学的学生选择"是"，而 86% 的普林斯顿大学的学生选择"是"；同样，只有 8% 的达特茅斯大学的学生认为自己的球队没有必要动粗，而 35% 的普林斯顿大学的学生认为达特茅斯队的队员完全没有必要动粗。

也就是说，即使看到的是同样的事实，我们仍然会因为立场和态度倾向的不同而选择相信我们想要相信的。一旦需要做出选择的时候，我们也会相信自己所得到的依据。

而且，也有一些研究发现，越是聪明的人越容易产生这种偏见。他们对自己的判断更为自信，因为他们更能够从无关联的信息中找到"可能的联系"。

我们在判断事物时可能会带有很多主观感情。尤其是在社交活动中，如果我们觉得某个人不喜欢我们，可能就会自发地去寻找他不喜欢我们的证据，而忽视他的其他行为，这就造成了无端的厌恶。

而人对情绪的感知非常敏感，当对方感知到你对他的不信任时，也会反馈以厌恶，进而让你觉得自己的直觉是对的。

这也体现了沟通的重要性。如果我们能够及时沟通，其实很多时候会发现自己所担心的事情是多余的。有些夫妻甚至会用各种方式去"考验"自己的另一半是否忠诚，而这实际上也会因为我们的主观不信任而产生自己"想要的答案"。

另一方面，我们在争执过程中经常会情绪化，进入验证对方各种不好的信息搜索，以证明对方的各种不对，即使是与此事无关的陈年旧事，我们也不会放过。

所以，我们经常会听到那些绝对化的词语——"你总是……""你从来……"而这种描述则会引发对方激烈的反驳而造成争执的升级。

因此，在争执过程中，我们需要意识到自己的这种特点，争吵时尽量不用绝对化词语去描述对方的行为，不能因为当前的一件事而全盘否定对方。

那么，怎样沟通才会避免这种绝对化的情绪呢？我们一定要区分好事实和感受。事实是真实发生的，而感受很可能是自己添油加醋而产生的。比如，你的恋人没有及时回复你的信息，你可能就会觉得他不关心自己了。"没有回复信息"是事实，而"不关心自己"是感受。实际上，对方很可能只是工作原因不方便回复你的信息而已。

　　所以，我们必须把这种事实和感受区分开来。我们可以找一支笔和一张纸，写出事实和感受，来区分它们，以及管理自己的思绪。

▶ 让人"变笨"的爱
为什么有人看不见恋人的缺点

人类学家海伦·费舍尔（Helen Fisher）教授调查了全球近 150 个不同文化背景地区的数据，发现在不同文化背景下的，热恋对于人的心理和生理方面的影响极为相似：强烈眩晕的兴奋感、食欲降低，对爱人的判断扭曲（放大爱人的优点，缩小缺点），对客观世界的知觉也发生扭曲。

我们常常戏谑一些处于热恋中的人智商为 0，那么，热恋到底会不会让智商降低呢？答案是肯定的。

日本科学家川道博明与他的同事对处于热恋早期的人进行了脑部成像观察，发现他们大脑中参与"奖赏机制"的灰质减少了，这就降低了他们对奖赏的敏感性。

而大脑灰质不仅与"大脑奖赏机制"有关，部分灰质还与注意力、记忆力以及情绪有关。

也就是说，当大脑灰质减少时，我们会在一定程度上变笨，也会变得更为焦躁不安。所以，当我们处于热恋时，情绪更为不稳定，开心的事会让我们更开心，伤心的事会让我们更伤心。

除此之外，海伦·费舍尔也曾对处于热恋初期的人进行脑部扫描，发现他们的多巴胺奖励回路中尾状核部分的血流增多。

尾状核是行为动力的源泉，它能引导我们接近目标，驱使我们追求奖励。而分泌更多的多巴胺，可以保证这一过程的愉悦感，强化我们的行为。也就是说，我们会很开心地不断重复这一行为。

虽然恋爱的感觉很美好，但是它也让我们变得不客观。我们可能看不见对方的不足，认为对方很完美。

当我们处于热恋中时，大脑的判断中心前额皮质和影响社交认知的颞极与颞顶叶交界处会发生钝化，进而造成我们对爱人的知觉发生扭曲。恋爱中的男女，大脑中的眶额皮质会受到明显的影响，这使得他们不再对对方持怀疑或批评态度。

但是，仅凭多巴胺刺激的热恋是很难长久的。一旦热恋过去，大脑的愉悦因子多巴胺消退后，大脑的灰质会可逆性地增长回来，我们也就会看到对方的各种缺点。

很多人过了热恋期就开始感受到对方的各种不足，就是因为大脑开始"清醒"了。所以，许多社会心理学家也不支持闪婚，因为想要拥有幸福稳定的婚姻，双方就必须要等足够长的时间。

当我们想要确定一段感情关系时，也需要不断对自己提问：对方的小鸟依人是否过于黏人，长此以往我是否能够接受；或者，对方的刚毅是否存在过多的武断和大男子主义。

我们不能因为对方给我们带来很多愉悦感受而忽视对方性格的长久影响。而且，只有在一开始考虑全面，感情也才会更加长久。

·

第七章

良性循环

如何建立有效的社交关系

·

美国进化生物学家迈克尔·盖斯林（Michael Ghiselin）说："如果身边的人比我们优秀，会让我们变得更美好；如果他们不健康或者无知，则更容易对我们造成伤害。"

那么，我们该如何与更优秀的人交往呢？

·

熟悉即安全

为什么你需要跟别人混个脸熟

格雷戈里·伯恩斯（Gregory Berns）在其著作《艾客》（*Iconoclast*）中写道，对于大多数人来说，接受新事物是一件很困难的事，因为新事物总是很容易触发我们的恐惧情绪。大多数人不喜欢恐惧的感觉，因为恐惧让我们口干舌燥，焦躁不安，有时还会语无伦次。

而产生恐惧的一个很重要的原因是不熟悉。

2005 年，加利福尼亚理工大学的研究人员通过脑成像实验对人们处于不确定环境中的大脑变化做了记录。他们发现，当人们处于不确定环境中时，大脑中的杏仁体和眶额皮质两个区域会变得异常活跃。

也就是说，当我们处于陌生环境中时，大脑实际上被唤醒了两个状态——害怕（杏仁体）；控制自己，让自己冷静（眶额皮质）。

当杏仁体被激活时，我们身体里也会释放大量的皮质醇，并且激活交感神经系统，进而让我们处于警备应激状态，这会让心率变异型增加，也会消耗大量的能量，让我们感到不舒服。所以一些人在面对不熟悉的人时，会脸红、心跳加速。

而如果想让别人对我们产生信任，愿意与我们交往，就需要让对方对我们建立足够的熟悉感。心理学家曾做过一个实验，他们先通过测试区分出害羞指数较高的小学生，让他们观察不同的脸，研究者用脑电图扫描的方式观察并记录小学生的大脑活动。

研究人员发现，在面对陌生和难以识别的脸时，那些害羞指数较高的孩子的大脑中掌管社交的皮层活动能力较弱，而负责焦虑及警惕情绪的边缘系统中的杏仁体部分则显得非常活跃。

　　同样，如果我们想让别人更愿意与我们接触，就要消除对方这种本能反应。那么，我们可以通过哪些方式实现这一点呢？

　　一个比较简单的办法是经常出现在对方面前。经常出现在对方面前就可以引发对方对我们的一些好感。这在心理学上称为"纯粹接触效应"——如果某一个刺激在我们面前呈现的次数足够多，我们对该刺激就会越来越喜欢。

　　心理学家赛安斯（Saians）对此做过一个实验，让受试学生多看几次对方脸部的照片，然后调查他们对对方产生好感的程度。

　　实验人员准备了 12 张不同的大学毕业生头像照片，然后从其中随机抽出几张给受试学生们看。为了避免刻意化的干扰，开始实验时，研究人员对这些学生说明："这是一个关于视觉记忆的实验，目的是为了测定你们对所看照片的记忆程度。"

　　而实验的真正目的是了解观看照片的次数与好感度的关系。观看各个照片的次数分别为 0 次、1 次、2 次、5 次、10 次、25 次等 6 个条件，按不同条件各观看两张照片，随机抽样，总计 86 次。

　　实验结果表明，观看次数与好感度的关系成正比。当学生被提问最喜欢哪一张照片时，大多数学生都选择了出现在他们面前次数最多的一张。

　　也就是说，当观看照片的次数增加时，不管照片的内容如何，好感度都会明显增加。这在很大程度上证明了"纯粹接触效应"。

　　我们可能有过这样的体验，我们在拍照的时候总觉得自己的照片不是那么好看，但是朋友们觉得挺好的。为什么会出现这样的现象呢？其中一个原因也是"纯粹接触效应"。

　　我们通常看到的是镜子中的自己。而当我们拍照的时候，看到的是左右与镜子中相反的自己。这时，我们看自己的照片，就会感觉有点不一样，而我们的朋友因为没有这种差别感，所以觉得挺好的。

　　康奈尔大学的詹姆斯·卡廷教授（James Cutting）做了另一个关于纯粹接触效应的实验，来证明一些著名艺术品之所以出名，其中一个原因可能是它们的曝光次数较多。

在讲课过程中，他不断给本科生看印象派的作品，每次2秒。其中有些画是经典之作，有些虽鲜为人知但档次不亚于经典之作。卡廷教授将后者在学生面前展示的频率4倍于前者。结果发现，这些学生更喜欢后者。

一些明星非常追求上镜率，因为大家看的次数多了，就会觉得他们挺好看的，而这背后也有"纯粹接触效应"的原理。

现在，你知道跟别人混个脸熟有多重要了吧？

‣ 自我表露

信任的建立在于相互了解

在生活中，我们对有些人总有说不完的话，而对另一些人则无话可说，尤其是面对陌生人时，我们有时不知道说些什么好。

这是因为我们与他人的信任关系需要建立在相互了解之上。在一开始，我们与他们没有足够的了解，还没有建立起对其足够的信任，所以就会显得拘谨一些。如果想拉近与他人的关系，我们可以适当地表露一些自己的隐私。

心理学家奥尔特曼（Altman）对此提出了人际交往中的"自我表露"的社会渗透理论。他的研究告诉我们，人际关系的建立都是从低水平的自我表露和低水平的信任开始的。

当一个人开始自我表露时，便是向别人表达信任；而对方以同样的自我表露水平做出反馈，也是一种表示接受信任的表现。

奥尔特曼将自我表露分为四层，由浅到深分别为表层水平（如兴趣爱好）、对事物的看法（对某些人或事的喜恶）、人际关系和性格方面的分享、个人深层隐私。我们在做自我表露的时候可以从这四个层面入手。

可以先主动分享自己的一些兴趣爱好，比如，我会分享自己喜欢阅读和写作，然后就一些作品展开讨论。如果你喜欢拍照，可以分享自己去过的景点；喜欢打球，可以分享自己打球的经验。

如果对方有较好的反馈，并且也分享了他的兴趣爱好。我们接下来就可以试着主动分享自己的一些态度，比如喜欢某个事物、某个人。

而对人际关系和性格方面的分享，我们可以讨论自己的父母或好朋友的趣事，最好是那些能够引起共鸣的事情。如果有机会，我们也可以给他们引见。

这种自我表露的互惠性交换，一般会实现对等的沟通，从而拉近双方关系。

随着双方沟通话题的由浅入深，我们与他人的关系就变得越来越亲密。

举个例子，当我们面对一个陌生人，想跟对方交朋友时，如果我们对其说"你好"，那么，对方对我们的回复很可能也只是礼貌性的"你好"；而如果你添加多一些信息，说"你好，我叫×××，今天有空过来……"，那么对方也会基于你的表露，对你表达更多的信息。

相互表露的信息足够多时，双方的信任关系也会建立起来，也就更容易成为朋友。如果我们在某方面比对方更优秀，那么我们适当暴露自己的缺点能够让对方更喜欢我们。

因为表露自己的缺点可以让对方觉得我们也是普通人，进而不会因为对我们有过多的敬畏而远离。另外，这样能够让别人看到我们的真诚，至少我们不会将自己隐藏得太深。虽然暴露自己的不足可能会让自己不怎么适应，但是这会让我们收获更多的亲密关系。

如果我们一直隐藏自己的不足，开始可能会给别人留下好的印象，但是一旦暴露缺点，对方会更难接受我们。当然，表露缺点还能够让我们找到真正喜欢我们的人。

如果我们表现得过于完美，大多数人会对我们敬而远之。而且，等到我们在长期的相处中表露了自己的不足时，对方不一定喜欢或适应。但是，如果一开始就暴露出来自己的缺点，而对方还能接受，那么这种感情也可以更持久。

不过，表露程度也要视情况而定。俗话说："交浅不宜言深。"一个从不自我暴露的人很难与他人建立密切和有意义的人际关系，而不停地向他人谈论自己的私密，会被他人看作自我中心主义者。社会心理学家认为，理想的模式是对少数亲密的朋友做较多的自我表露，而对其他人进行中等程度的表露。

我们会对关系密切的朋友表露得深一些，而对那些远一点的朋友则可以表露浅一些。如果想要交往到更多的朋友，让人对我们更加信赖，我们也可以适当地向对方多表露一些。

▸ 相对剥夺

令人反感的滥好人

我记得以前看过这么一个故事：一个人经常跟舍友一起点相同的外卖，他知道舍友喜欢吃打卤蛋，于是经常将自己外卖中的打卤蛋夹给舍友吃。久而久之，舍友习惯了他给的打卤蛋，有的时候自己主动把他的外卖中的打卤蛋夹走。

有一天，他将打卤蛋吃了，舍友发现没有打卤蛋，就问他："我的打卤蛋呢，你把它吃了？"

是不是觉得这种场景很熟悉呢？

我们身边也经常遇到这样的人，我们对他们好的时候，他们习惯了，如果突然有一天我们没有办法继续对他们好时，他们往往不能理解我们，反而指责和抱怨我们，因为他们已经习惯了我们对他们的好，认为我们对他们好是理所应当的。

这也就是常说的"一碗米养恩人，一斗米养仇人"。当我们在他们需要时给予很微小的帮助，他们往往会感谢我们；但是如果我们经常对他们好，突然因为某种原因而无法继续支持他们时，他们反而会记恨我们。

为什么会出现这种情况呢？答案在于心理感受的边际递减效应。

别人需要帮助时，我们给予一些帮助，他们会感觉到明显的满足，但是如果我们一直这样帮助下去，对方的心理感受就开始产生变化，进而不再是感激。

所以，我们要知道，并不是帮助了别人，别人就会对我们心存感激。如果方式不当，对方还可能对我们心生厌恶。因此，我们千万不要做"滥好人"。

那么，我们该如何帮助别人，而不至于让对方觉得那是他应得的呢？

最重要的是不要在一开始就付出过多。因为一开始付出过多，虽然超过了对方的心理预期，能够让对方短暂地感受到你对他的有力帮助，但是，如果你在后期无法持续维持这样的付出水平，依然很难得到对方的尊重。

在生活中，人们最喜欢的是那些对自己的认同慢慢增加的人，最不喜欢那些对我们的认同慢慢减少的人。为了验证这一心理现象的存在，心理学家阿伦森（Elliot Aronson）曾做过一个著名的实验。实验安排被试的同伴用以下四种不同的情况评价被试者。

A：始终是肯定的评价。

B：始终是否定的评价。

C：先肯定后否定的评价，且否定程度与第二种情况相同。

D：先否定后肯定的评价，且肯定程度与第一种情况相同。

结果发现，被试对那些原来否定自己后来又肯定自己的交往对象喜欢程度最高，且明显高于一直肯定自己的交往对象，而对于从肯定到否定的交往对象喜欢程度最低，且大大低于一直否定自己的交往对象。

这也可以用美国学者斯托弗（S. A. Stouffer）提出的"相对剥夺"理论来解释。他们将自己目前的处境和别人一开始对其投入的帮助做对比，即使他们目前仍在获得额外的帮助，如果获得的帮助相比以往减少了，他们就会很容易在心理上产生"相对剥夺"感。

也就是说，即使我们帮了别人很多，结果可能还是会成为别人心目中最不喜欢的人。所以，帮助别人并不是越多越好，尤其是在一开始的时候。我们不必过于主动和热心，当别人需要时，我们再伸出援手。除此之外，当自己有较为负面的信息或建议需要传递给对方时，也可以采用"先否定后肯定"的模式去叙述，这样也会减少一些对方的排斥。如果先讲好消息后讲坏消息，对方心理上容易产生较大的落差，也可能会有一些"相对剥夺"的感受。

当对方在工作上有些失误或不足，我们对其提出改进建议时，可以先指出对方做得不足的地方，随后赞美他做得好的地方，这样对方就不容易产生"相对剥夺"的感受了，也会更容易接受我们的建议。

▶ 有效赞美
夸赞是门技术活

　　我们常常在书中读到：赞美是人际关系的润滑剂。但是，很少有人告诉我们为什么需要赞美，以及如何有效赞美。那么，赞美的意义到底在哪里呢？

　　美国社会心理学家亚伯拉罕·马斯洛（Abraham Harold Maslow）在其著作《人类激励理论》中，将人的需求分为五个等级，由低到高分别是生理需求、安全需求、社会需求、尊重需求和自我实现需要（见图 7-1）。

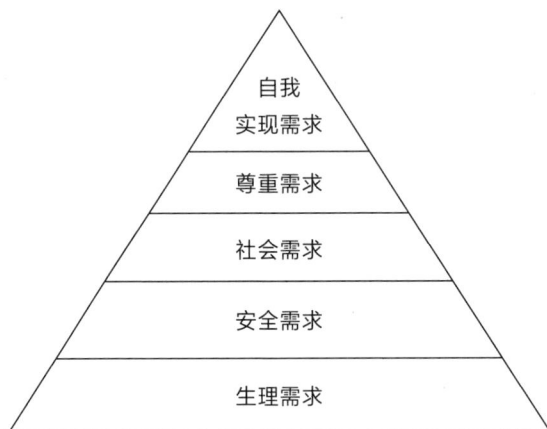

图 7-1　马斯洛需求层级理论

　　这五种需求有所交叉，但是低等的需求得到满足后，再高一个层级的需求就会变成主体需求。社交属于社会需求，而赞美则属于更高级的尊重需求。

　　当今社会，大多数人的生理需求和安全需求都能够得到满足，并且能获得一定的友谊，满足自己的社会需求。所以，我们在交往过程中会倾向于追求更高等的需求，也就是尊重需求。

我们需要赞美的主要原因之一，是希望别人能够肯定我们的劳动成果和自己的特长。

马修·利伯曼（Matthew Lieberman）在《社交天性：人类社交的三大动力》中描述了一个实验。

实验者说服参与者联系他们的朋友、家人和一些对他们比较重要的人，请求他们给自己写一封信，请求时用非常积极的带有强烈感情色彩的语言来描述，比如"你是唯一关心我甚于关心你自己的人"等。

就像生活中的其他基本奖赏一样，这些令人感动的文字能够激活参与者大脑的特定区域，能够愉悦回路中的腹侧纹状体。

可能一些人觉得"90后"越来越难以管理，动不动就跳槽，这背后的原因更多是他们的尊重需求得不到满足。对很多人来说，尊重需求和自我实现需求往往比金钱更重要。

"90后"的主要需求已经变为尊重需求和自我实现需求。如果我们跟不上时代的步伐，还抱着以往的奖惩制度去管理，就很难管住人，也很难留住"90后"的人才。

这也在另一项研究中得到了一定的证明。实验者要求参与者为赢得他人的好评而竞价，结果发现，大多数参与者都愿意归还他们参加实验所获得的报酬，只为换得别人对他们的积极评价。

前面大致讲了赞美对我们的重要性和积极意义。那么，怎样赞美才能更行之有效呢？

如果你对一个女孩子说"你好漂亮"，对方很可能会觉得你这样的赞美方式有些轻浮，没有真诚感。如果想要让对方觉得你确实用心了，你的赞美最好能够具体些。比如赞美对方面部的一两个具体特征，或者就对方的成就进行赞美。在心理上，那些具体的、客观的赞美会让人感觉到更多的真实感。

赞美的基本原则是真诚。如果背离了这个出发点，赞美就是阿谀奉承。所以，如果在对方身上找不到比较好的赞美点，那么最好保持沉默，没必要为了所谓的"好关系"而丢掉真诚。

　　当然，赞美也有效力递减的规律。如果一味地赞美对方，那么次数越多，对方对你的赞美就越无感。所以，如果想让自己的赞美更有意义，应该把握好度，适当地进行赞美。

◆

第八章

沟通的艺术

怎样才能好好说话

———————————————————◆———————————————————

　　我们常通过沟通表达自己的观点，去解释、期望或评价。沟通能够让我们学到不同的思想，但是如果双方在沟通过程中缺乏足够的信息交流，或者表达上让人难以接受，就很容易产生不必要的误会。那么，如何进行一场有效的沟通呢？

———————————————————◆———————————————————

‣ 拒绝争执

怎样改掉爱争辩的坏毛病

任何人都会生气，这也很简单，但是在正确的时间、正确的场合，用正确的方式表达愤怒，这可不简单。

——亚里士多德

世界因为每个人的不同而多彩，但是世界也因为每个人的不同而充满争执。每个人都希望被理解，每个人都希望被尊重，而这又非常难以实现，当我们觉得不被理解时，就会去解释，去争取。但是，对方却有着迥异于我们的想法。那么，解释也就容易升级为争执。

究竟，我们为什么会与别人产生争执呢？

1. 维护自尊的需求

每个人都有维护自我形象的需求，争执的原因之一是维护自我形象——我不比你差。心理学上有一个"自我服务偏差"现象，也就是每个人都会美化和抬高自己。

争执本质上是一种相对的自我抬高，争夺话语的控制权，属于一种竞争。当我们在争执中获得主导权时，会认为自己获得了胜利，有时我们甚至会为了反对而反对，背离谈话的初衷，只为获得自尊心的满足。

2. 宣泄需求

语言暴力也是暴力的表现形式之一，而暴力的宣泄能够获得与其他本能欲望同样的快感。

暴力的释放之所以能够带来快感，是因为它经常与资源的掠夺有关，无论是竞争配偶，还是捕食。所以，人有暴力宣泄的需求，在形式上分为内侵（自我伤害）和外侵（伤害他人），如果过于压制这种本能，也可能会导致突然爆发，而突然爆发的人更可怕。

3. 认知域交集较小

我们对事物的认知不仅取决于客观情景，还取决于我们如何对其进行主观构建。正所谓"横看成岭侧成峰"，每个人对事物认知的构建都是以自己的经验和知识为基础的。

两个人的知识面就像两个思维集合，他们存在交集，但是更存在差异，如果双方不站在对方的立场和经验考虑问题，那么就难免发生争执和矛盾。

那么，如何才能解决爱争执的问题呢？

1. 增加共同视域

在沟通过程中，尽可能在说出自己的观点前，告诉对方自己观点的背景和基础。同时，也尽可能问清楚对方观点的背景和基础。最简单的办法就是多问一句"我不太明白你为什么这么说，能再解释一下吗？"这也给了双方缓冲的时间和思考补充说明的空间。

如果双方有更多的共同视域，就能更好地理解对方的观点和行为，这样也可以减少很多不必要的争执行为。

2. 懂得自嘲

自负的人更容易做出攻击性行为，也更容易对别人的语言产生误解。因为他们能够维持自尊的方式比较少，只能通过争执等攻击性行为"战胜对方"来相对抬高自己。

如果我们是这类人，就要学会提高自己，其中比较简单的办法就是学会自嘲。自嘲是自我接纳的一种表现，能够让自己较为坦然地面对自己的不足。这也是一种高情商行为，证明了我们有一定的自我认知，了解并接受自己的一些不足。

加林斯基（Galinsky）发现，当我们主动将贬低身份的词语用于自己身上时，会产生更多的"权力感"，缓解自己的不愉悦。另外，如果我们能够很好地接纳自己，能够接受自己的不足，也会慢慢明白什么是真正的自尊，什么是自己真正需要的东西，从而减少争执行为的发生。

3. 明确争辩的目的

你正要出门时，母亲觉得外面很冷，让你多穿一件外衣，而你觉得穿外衣会热，执意不穿。于是你母亲说了句"不穿就不准你出去"。可能一开始是沟通，慢慢就变成了争执。为什么会出现这种情形呢？

这是因为，我们在沟通过程中，区分了自己与母亲的立场，甚至将双方的立场对立起来。在这种对立模式下，我们就会排斥母亲的各种建议。母亲则会为了维护自己的权威，与我们展开"拉锯战"。

而如果共同立场是去面对问题，就好办得多。母亲希望你多穿一件外衣再出门时，你可以说："妈妈，我知道你是为了我好，不过我一会儿可能要运动，会出汗，所以就不穿了。"这样，母亲也不会感受到立场的对立，也就不会有太多的想法。

所以，我们在沟通过程中一定不能为了反对而反对，这无益于解决问题，反而可能引起不必要的争执。在解决问题的过程中，可以尝试多用"我们"，少用"你"，让对方感受到你们的立场是一致的，是共同解决外部问题。

4. 合理宣泄

争论是暴力的宣泄方式之一，也不应该完全摒弃。因为争论也是一种沟通方式，本质上也能够增加双方互相了解。

另外，争论也能够合理发泄个人的暴力情绪，避免长期积压的情绪突然爆发。所以，适当地与他人争论是有益的，但是要避免人身攻击以及讲粗话。这样才可能是一场互利的争论。

5. 控制音量

当一只狮子进入另一只狮子的领地时，两只狮子在打斗前会互相嘶吼，意在通过气势吓跑对方。同样，人类也有这种行为机制，想通过加大音量，在气势上让对方屈服。但是在大多数情况下，这种做法往往都是失败的。

这是因为，加大音量会让对方感受到你的侵略性，从而产生排斥心理，为了维护自身尊严只能反击，让争论变成争执。所以，自己应尽可能控制音量。

我很喜欢知名主持人孟非的一句话："当我们在会议中为某件事争吵时，别人之所以愿意听我的建议，是因为我说话非常小声，别人总是不得不停下争论问一句：他刚才说什么了？"

‣ 为何家会伤人

如何与家人亲密相处

有时候，与父母争吵不是我们的错。毕竟，父母是一个不用通过考核就"上岗"的"职业"，本身"质量"良莠不齐。不过，我们对自己的反省也不能少，否则我们可能是下一批"质量"不合格的父母。

那么，为什么有些同学可以和老师、同学相处得很好，却时常与父母发生争吵呢？

1. 亲情的分离性

在动物的世界里，许多动物长到一定年龄就会被父母驱逐离开，逼它们走向独立，有的动物甚至刚刚出生，就会被父母"抛弃"。人类作为进化的产物，也有这样的进化遗留。

亲情的天然属性是分离，青春期的孩子与父母发生争吵，实际上也是孩子到了独立的年龄，父母在履行进化的使命，也就是"赶孩子走"，驱使孩子走向独立。

"我长大了"和"你长这么大了"是争吵时双方经常出现的词。

然而，现代青少年的自主能力并没有得到完善，尤其是经济方面。我们年龄与能力的不匹配，也导致我们缺乏独立性。想独立，却不得不依附于父母，这是我们的内部矛盾。

2. 控制感

我们对环境的安全感是建立在对环境的控制感上的。如果能够确定环境都是可控的，我们就会有更加愉悦的心情；如果环境中存在不可控因素，我们就会有较高的生理唤醒。就像我们的祖先不确定草丛中是否有狮子一样，我们需要保持"警戒状态"，这时，我们处在较高的生理唤醒状态，对环境也有更多的不信任，很容易与他人发生争执。

我们与父母发生的争执，大多是"控制权"的争夺。当我们长大后，自我意识开始觉醒，我们想拥有自我控制权，但是父母依然保持着之前的习惯掌控我们。

一般来说，父母控制欲越强，越容易与孩子发生矛盾。因为孩子能自己掌控的"领地"被过度压缩，会产生很大的反弹，进而养成较为叛逆的性格。

3. 琐事积累与超限

矛盾是事物发展的根源，但是矛盾并不是突现的，而是在一定的量变之后的显现。

当我们感到疲劳时，其实身体在此之前就已经消耗了非常多的能量，也积累了很多"毒素"。同样，当我们与父母发生矛盾时，我们在此之前也已经积累了很多争吵的"材料"。一旦发生争吵，我们可不会就一件事展开，而是会扯出一连串的事情。

所以，我们与父母的矛盾是因为一件件琐事叠加之后的爆发，琐事积累得多了，加上宣泄受阻，就会突然情绪爆发。

4. 信息流差异

人们能够接触到的信息会形成他们的观念，而父辈与我们所获取的信息差异较大，这就导致我们和父母的观念可能有很大不同。并且，随着网络信息变化的加速，两代人的观念和价值倾向的差异越来越大。你觉得对的，他觉得错；你觉得好的，他觉得坏。

而相对来说，老师的思想较为开放，能够接触的信息与我们有更多的重合；同学和朋友则年龄相仿，且有经常性的沟通，他们与我们的信息流有更多的相似性。所以老师和同学与我们的观念比较相近，更能理解我们的想法，和他们相处就相对容易一些。

5. 社会形象成本

如果狮子遭到群体的排斥而落单，往往意味着死亡；人类遭到群体的排斥，虽不至于死亡，但是获取资源的难度会加大，保护自己的能力会降低。

所以，人会很在意自己的社会评价，在群体面前，我们会更加在意自己的社会形象，会自然而然地表现得更有礼貌，更懂得克制冲动。

如果孩子在父母心中的形象是正面而积极的，那么孩子就会更加在意自己的形象，他们会做更多的形象管理，让自己的行为符合这个形象。

如果孩子在父母心中的形象比较差，那么他们就可能不太在意自己的行为对自己形象的影响，甚至会采取对抗的方式。

以上是父母与孩子产生矛盾的一些原因。作为一个过来人，我也分享一些与父母积极"抗战"的经验。

1. 释放引导

人类的攻击性通常表现为身体攻击和言语攻击。与其他人类本能一样，攻击性得到释放时会引起快感。如果我们长期压制自己的攻击性，可能会对身体产生不良影响，甚至产生很大的破坏性。

我一个朋友的孩子很喜欢养小动物，我去他家的时候，他告诉我他养过很多只仓鼠，大多很喜欢咬人，他喂食和抚摸它们时受了几次伤。我建议他在笼子里给仓鼠放一些玩具。一段时间之后，仓鼠变得温和多了。

之所以会这样，是因为仓鼠也有攻击的本能，如果没有东西给它们宣泄，无法磨牙，无法玩闹，它们的攻击性就会一直积累着。所以，那些对孩子进行各种限制，不让孩子出去玩的家庭，孩子也更容易产生叛逆。

就像经常生小病的人反而不容易生大病，经常小吵小闹的两个人关系也不会很差。因为争吵也是一种沟通方式，而沟通是了解对方需求和相互磨合的办法。所以，不用太害怕争吵，有时那是一种释放和促进。

我们更该考虑的是，如何进行不彼此伤害的有效争吵。比如清晰界定问题，不要进行人身攻击，不要"炒冷饭"，不要想着说服对方等。其中的细节，大家可以自己去思考。

2. 远离应激源

人的愤怒情绪具有应激性，如果缺少了争执对象（应激源），争执就难以进行。而应激源的一直存在更容易对我们的情绪做直接的反馈，从而使我们更加极端，越吵越凶。

如果想要减少自己的愤怒，最好暂时离开应激源，也就是在争吵时，主动离开"阵地"，克制住反击的冲动。

愤怒情绪在初期破坏性很大，但如果能冷静 10 秒左右，愤怒情绪就能减弱很多。暂时离开"阵地"可以让自己的愤怒破坏性降低，也能让对方的情绪缓解，减少情绪化反应，并做出积极思考。

3. 写争吵总结

总结的目的是避免再犯同样的错误。学生时代，那些学习成绩很好的学生大多有自己的错题本。而在生活中，如果想减少与身边的人发生过多的争执，最有效的办法就是经常性地记录自己与他人争吵的原因和过程，总结经验。

比如记录自己是否进行了人身攻击？自己有没有站在对方的立场考虑问题？是否由于自己"信息编码"错误引起了误会？诸此种种，都用笔记或日记的形式记下来，相信长久下来会对自己有很大的提升。

一个人能够成长得多快，部分地取决于他的经历和学识，但更取决于他对事物和场景的自我反馈能力——能够及时反思自己，并在以后少犯错误。

如果想让自己进步得更快，那就需要不断地给自己反馈。做笔记和写日记是最好的反馈方式。

4. 赋予孩子 / 家长良好形象

前面也说到，如果我们赋予孩子 / 家长较好的社会形象，那么他们就会表现出更多的友善行为。外在评价会影响内在思维，我们都倾向于成为别人希望我们成为的那种人。

所以，尽可能真诚地去夸赞孩子 / 家长，是减少与之争执的办法之一。当孩子 / 家长感受到自己的行为与他人对自己的认知标签不协调时，他们会对自己的行为进行调整。

亲情像空气，我们不会特意感知它的存在，但父母对孩子的作用却如同空气般重要。

所以，我们有必要多学一些交流与沟通的知识，年轻时做个合格的孩子，有孩子之后做个合格的父母。

善意的释放 ‹

如何更好地与别人聊天

我们不学气象学，也可以知道阴天要下雨；不学销售技巧，也可以去说服别人购买自己的商品。但是，那样做的出错率比较高，效率也会比较低。同样，不学习聊天技巧，也可以跟人正常地聊天，但学会了，能让人更容易喜欢你。

那么，怎样才能够更好地跟别人聊天，并相互增强好感呢？这里我们大致讨论一些基本策略。

1. 调整心理距离

在进化过程中，除非确定是安全的，我们才会与他人靠得很近，在不确定旁边的人是否安全的情况下，太近的距离会让我们产生来不及"反应"的感觉，因此会感到不安。这是心理距离在空间维度的表现。

我们在升降电梯中经常会无意识地向上看，看到别人的眼睛也会更加不安，其中的一个原因就是与别人的距离太近了，超出了我们的空间心理距离。

那么，怎样确定他人的空间心理距离呢？

心理学家爱德华·霍尔（Edward T. Hall）曾对此做过研究并得出结论。他认为，人们的亲密距离一般为 0~0.45 米，个人距离是 0.45~1.22 米，社会距离是 1.22~3.66 米，公众距离是 3.66 米以上。其中，0.45~1.22 米是我们与他人沟通时的一般距离。

而具体的数值，可以观察自己向前是否会引起对方不自觉地后退。如果是，那就表明在这个距离内，对方还没有对你建立起安全感，你也不要侵犯进去，否则很容易激起对方的生理应激。

心理距离在情感上的表现是你可以讲什么话题。情感心理距离很小的人，他们的话题往往更加"污"一些，会经常性地互"黑"。

比如，你最好的朋友经常性地"黑"你，而你不会介意，因为你们的情感心理距离小，都确定对方是无恶意的。反之，如果双方还没有确定对方是否对自己有潜在威胁，就聊一些相对有戏谑性质的话题，那么很容易不欢而散。

所以，在聊天过程中，要尽可能确定自己和对方的空间心理距离和情感心理距离，在彼此有了基本的了解并建立安全感后，再进行适当调整。

2. 学会具体地赞美

赞美是人际关系的润滑剂，但是实际上很多人都不善于赞美别人。那么，怎样才能更恰当地赞美别人呢？我觉得首先要符合事实，看到值得赞美的才赞美，那是对双方的基本尊重。

另外就是，赞美的内容要具体化。与平淡的描述相比，我们更喜欢去捕捉那些美丽而生动的语言，也更乐意接受那些生动语言所描述的内容。

人的大脑非常容易受可视化信息的影响，如果我们的赞美更加具体、有细节，会让对方觉得更真实，而且会觉得你是一个很用心的人。

一个漂亮的女孩被人夸漂亮是经常的事情，如果你再去夸她漂亮，对她引起的心理边际作用非常弱，你可以尝试寻找对方其他闪光点，比如说，手指很纤细，锁骨很性感之类的。那样的夸奖也更有水平。

3. 学会提问

"你吃了吗？"

"吃了。"

......

上面这类对话是不是很熟悉呢？然后，接下来就冷场了。

其实，这种情况之所以会发生，主要是因为提问得没有策略，我们应该尽可能提问有方向性的问题，而不是选择性的问题。甚至可以直接提问假设性的问题。

至于怎么问，要根据对方的社会角色和性格区分。但是提问的问题不要"太烧脑"，否则对方敷衍你的可能性就很大。

比如你看到一个护士，想和她聊几句，如果你说："我感觉你们医院挺不错的，你觉得怎样？"对方说："还可以啊。"然后她继续忙她的，只留你继续在风中凌乱……

这是因为对于这样的提问，如果对方认真回答的话，她需要花费很多的精力去组织语言和搜索论证信息，所以就感觉回答这个问题的成本太高了，于是索性说"还可以"，既不失礼貌，又不影响做自己的事情。

最好的提问应该既让对方对你的问题感兴趣，又不让对方觉得"烧脑"。建议大家去读一读尼尔·布朗（Neil Browne）的《学会提问》和斯科特·普劳斯（Scott Plous）的《决策与判断》。

4. 行为和情绪的自我调控

行为和情绪具有感染性。例如在生活中，我们看到别人打哈欠，自己也很想打哈欠。对这个现象的一种科学解释是，我们大脑中存在一种模仿他人行为的神经元——镜像神经元，使我们很容易受到周围人行为的影响。

电视节目里经常出现的背景笑声，削弱了我们对内容的判断力，也是利用了镜像神经元的工作原理，让我们觉得这个节目有意思。如果我们忽略那些笑声，认真去听那些娱乐节目的内容，你会发现，其实那些笑话并没有那么好笑。

在交流过程中，如果我们的动作显得懒散，对方也会受我们的影响而给出消极反馈；如果我们显得很拘谨，对方也会变得小心翼翼。

所以，我们在交谈过程中应该尽可能保持较好的精神状态，让对方受到我们的感染，对我们也报以积极的回应；如果希望对方能够有更多的反馈，就不要让自己显得过于拘谨。

5. 增加熟悉感

人们倾向于喜欢熟悉的东西，熟悉在我们潜意识里意味着更多的安全感。冬天里兔子出来觅食时，喜欢走留有自己脚印和气味的路，因为它们知道上一次走这条路没有危险。

人类也是如此，倾向于喜欢熟悉的"道路"。通过增加熟悉感，能够有效地减少与对方的认知隔阂。就像鲁肃见到诸葛亮的时候说的第一句话是，我是你哥哥的朋友（大意如此），其目的也是增加熟悉感。

在交谈过程中，我们可以寻找与对方的相似点来增加熟悉感，比如双方来自同一省份，或者毕业于同一个学校，通过寻找地缘和经历的相似性，产生熟悉感。

除此之外，双方观点相近也能够增加熟悉感。当对方表达与我们想法相似的观点时，我们可以表示更多的认同。彼此之间的熟悉感建立起来之后，才有机会进行更多的相互了解。

6. 克制过强的表现欲

根据马斯洛需求层级理论，我们每个人都有"被认可和肯定"的需求。我们希望自己的观点被认可，希望通过分享让对方觉得我们知识很渊博。

但是一个人的表现欲过强时，也会表现出较强的隐性攻击，比如贬低他人。这会让对方觉得没有安全感，因而对你保持警戒和距离。

　　所以"过度自我卖弄"的人常常不受欢迎，因为很多人的"自我卖弄"隐含着对他人的贬低，或者让别人感到自己很蠢。

　　适当表明自己的身份和地位很有必要，毕竟信任的建立需要彼此适当表露。但表露不是一味地单方面强调自己的优势，更没必要一开始就出"王炸"。有所保留，反而可能成功激起对方对你的兴趣。

7.尽量让对方表达

　　如果对方与我们交流时能够感受到我们对他的尊重与重视，那么对方也会更加乐意与我们交流。

　　如果对方希望我们能够给予对方更多的关怀，那么当他找我们诉说时，我们也应该尽力让其感到温暖。在与人交流的过程中，应尽可能让对方表达，其本质就是让对方建立表现欲的满足机制和寻求安慰的代偿机制，如果能够结合固定的时间点，就更容易增加对方对我们的好感。

　　但是，真正的沟通和交流中最重要的是真诚。没有真诚，用再多技巧也是徒劳。

▶ 自我实现预言

肯定别人是高效的建议方式

我上大学期间，有一次我在宿舍里看视频，因为没有注意到室友在睡觉，视频音量开得比较大，吵到了室友。他并没有直接对我说"视频声音太大了，关小声点"，而是用带着睡意的声音说："哥们儿，你作为一个高情商的人，我要睡觉了……"我于是对他笑了笑，戴上了耳机。

还有一次，期末我和同学到图书馆"临时抱佛脚"，坐在离我们不远处的一对情侣吵了起来，我同学觉得影响不好，走过去制止，但他没有直接说他们的行为影响了其他同学学习，而是对那个女生说："我们都是有素质的大学生，请注意一下自己的行为。"

我这位同学之所以能够让人更愿意接受他的建议，是因为他利用了心理学上的自我实现预言——我们对别人的心理预期会让对方产生往这个方向发展的倾向。

社会心理学家罗森塔尔（Rosenthal）曾做过一个实验。他和助手去一所小学，说要进行7项实验。他们从一至六年级各选了3个班，对这18个班的学生进行了"未来发展趋势测验"。

之后，罗森塔尔以赞许的口吻将一份"最有发展前途者名单"交给了校长和相关老师，并叮嘱他们务必保密，以免影响实验的准确性。事实上，名单上的学生是随机挑选出来的。

8个月后，罗森塔尔和助手对那18个班的学生进行复试，结果奇迹出现了：凡是"最有发展前途者名单"上的学生，成绩都有了较大进步，且性格活泼开朗，自信心强，求知欲旺盛，更乐于和别人打交道。

　　这就是自我实现预言的威力，老师们拿到罗森塔尔的"最有发展前途者名单"提交后，对名单上的学生产生了积极的心理预期，并反馈给这些学生积极的行为和态度，让这些学生感受到鼓励和支持，进而变得更加积极和自信。

　　同样，如果我们想让别人改掉不良习惯，也可以用这种方式让他们朝着更好的方向发展。

　　当我们想让老爸减肥时，不应该对他说："老爸，你太胖了，再这样下去对身体不好，你需要减肥。"这样只会让老爸固化自己"胖"的形象，反而更难以行动起来。

　　如果想要让自己的老爸积极改变，我们需要不断提醒的是："老爸，我觉得你挺会养生的，如果能够把身体养瘦点就更好了。"这样就不会让他产生与减肥相矛盾的"胖"形象，反而从潜意识里激发他追求"瘦"的形象，进而做出与"瘦"形象一致的行为。

　　"自我实现预言"在儿童身上效果最为明显，因为儿童时期是模仿力和表现欲最强的人生阶段。孩子一旦被贴上一个"标签"，他们就会给自己做形象管理，使自己的行为与"标签"内容相近。

　　所以，当孩子做错事时，那些经常批评孩子"你怎么那么不乖""你怎么那么笨"的父母，他们的孩子也会朝着他们的"预期"发展，进而形成恶性循环。

　　积极心理学创始人克里斯托弗·彼得森（Christopher Peterson）在其著作《积极心理学》中说，积极的语言和情绪能够扩宽孩子的思维，提高他们的创造力；相反，过多的负面评价会让孩子的思维发生"窄化效应"，即影响孩子的见识和探索能力。一项关于贫穷对个人发展的长期研究发现，贫穷家庭的孩子接收到的词汇量是中产以上家庭孩子的一半，而接收到的负面语言则多于后者，而这可能是造成下一代贫穷的原因之一。

　　如果接收到的批评太多，孩子还会失去自主性。他们想探索一些新事物时，考虑的可能不是能否从中获取乐趣，而是会想这样做会不会被批评，甚至挨打。

因此，他们更加不愿意冒险去做有创造性的事情。

　　所以，想让身边的人（无论是孩子、朋友还是父母）听取我们善意的建议，并且变得更加积极和友好，我们可以用"自我实现预言"的心理学技巧，给他们贴上积极的"标签"，让他们朝着这个"标签"发展。

·

第九章

相处的艺术

一个自我完善的过程

心理学家史蒂夫·科尔（Steve Kerr）研究发现，孤独感对人的伤害不亚于香烟，经常感到缺少社会支持的人，其体内的皮质醇水平更高，导致炎症的蛋白质也更为活跃。但是，我们如何才能更好地与身边的人相处与合作呢？

▶ 本能干涉

如何避免无故讨厌一个人

有时候，我们会无故讨厌一个人，即使以前并没有见过对方，也和对方无任何瓜葛，也会下意识地不喜欢对方，有很强的排斥感。

不喜欢一个人绝对是有原因的，只是很多时候我们并没有察觉出具体是哪些原因。虽然说不出为什么，就是有一种不喜欢的感觉，实际上这种感觉就像闻到臭味就想捂鼻子、遇到危险要逃跑一样，都是一种自发的保护机制。

那么，我们为什么会讨厌一个人呢？

1. 资源的竞争

当人与人之间发生资源竞争时，或多或少会互相排斥。人类的大多数战争都是围绕资源的争夺而产生的。

缺少资源意味着生存劣势，所以在进化过程中，我们很自然地产生对资源竞争者的警惕和潜意识的敌意。我们对远方的强者有更多的敬畏，而对身边的朋友会有更多的嫉妒。

在生态系统中，两个物种存在的资源交集越大，它们之间对彼此的敌意也越强。我们与朋友的资源交集比较大，产生竞争的可能性也比较大，一旦产生了竞争，就会存在一定程度的对立。这样就很容易对对方产生敌意和厌恶。

2. 安全需求的应激

另外，如果一个人经常侵犯我们的心理空间，我们就会讨厌对方，想要与之保持距离。D. M. 巴斯（David M. Buss）在其著作《进化心理学：心理的新科学（第二版）》中表述了这样的观点：我们之所以会厌恶一些人和事，是出于一种自我保护机制，这样可以让我们规避掉一些对我们生命的威胁。

我们需要通过对环境的控制感来获得安全感。如果我们对环境的控制感很差，就会产生更多的应激反应——因为没有控制感往往意味着存在风险。

就像听到手指划玻璃的噪声，即使实验证明它对我们的听力没有任何影响，我们还是会自发地厌恶它，这是因为它对环境的其他信息有一定的屏蔽作用，让我们无法更好地评估环境，造成我们对环境的预期不稳定，因而对它产生恐惧与厌恶。

在生活中，如果有一个人经常给我们制造非常多的不确定性因素，我们就会对其产生很强的排斥感。

比如在大学宿舍里，到了关灯时间，你想睡觉了，但发现舍友还在打游戏、放音乐、制造吵闹声，你可能会很不开心。这是因为你觉得这些因素干扰到你对睡眠环境的控制感。

实际上，在生活中，凡是强加到我们身上的东西，都会削弱我们对环境的控制感，让我们感到不安全、不自在，也会让我们产生一定的厌恶感。

3. 隐形记忆的"错搭"

有这样一个段子：只因为在茫茫人海中多看了你一眼，两个人就莫名其妙地打了起来。

这个段子透露着我们不喜欢一个人的另一个原因。在生活中，我们会看到一些人，还没有说过话，更没有任何其他接触，就觉得注定与这个人合不来。传统说法是气场不合，现在的说法是心理不相容。

我们无缘无故地不喜欢一个人，可能是因为他与曾经伤害过我们的人有一定的相似之处，甚至是我们错误地以为有相似之处。

对这种"无缘无故"的不喜欢，也有另一种解释，那就是，他与我们的行为模式有较多的重合，让我们感觉到本我的显露，不自觉地讨厌他，实际上就是讨厌内心深处那个想要隐藏的自己。

无论是哪种原因，它都更像是我们的内隐记忆发挥的作用，即使我们无法想起来，但它仍会在潜意识里影响着我们对他人的认知并进行喜恶判断。

4. 反应性厌恶

我们不喜欢别人，也可能是在与对方接触的过程中发现对方对我们持负面态度，进而产生抵触情绪。

情绪本身具有感染性，如果我们被别人拒绝，并且对方给的理由是非常主观的，比如说"没什么，就是不喜欢你才拒绝你"。那么我们就会因为对方的敌意而对其产生更多的厌恶感。

人的情绪超过 70% 可以通过身体感知。如果一个人不喜欢我们，即使言语上没有表现出来，我们通常也能够感受到，这是很自然的生理反应。

因为一个充满敌意的人会唤醒我们对环境的更多警惕性和攻击性，以保证自己的安全。同样，我们的不友善也会让对方产生反应性厌恶，不喜欢我们。

被人喜欢和欣赏是一件很美妙的事情，每个人都希望能够让更多的人喜欢自己。但是，让每个人都喜欢是非常困难的，即使是同样的行为，可能有的人认为是勇敢，而有的人则认为是鲁莽。

所以，被人不喜欢也是一件很正常的事情，我们也应该理性接受这个事实。那么，我们该如何面对那些不喜欢我们的人呢？

1. 保持距离

首先，如果双方的关系比较差，最直接的办法是保持距离。噪声源离得越近，越让我们感到烦躁；厌恶源离得越近，我们也越容易陷入不愉快之中。

距离太近的情侣，比如说大学同班的情侣，可能更容易分手，原因之一可能是吵架的时候没有距离带来缓冲，进而越看越生厌，最终导致关系破裂。

如果无法忍受讨厌的人，最好的办法是换一个环境，远离他们。人有一套很好的自我保护机制，即遗忘。只要不经常看到他，我们就会慢慢忘记他对我们的意义及负面影响。

2. 增加合作

当然，如果感觉对方对我们存在误会，我们也可以通过增加与对方的合作来化解误会。竞争性接触会分化关系，但是合作性接触会让双方增加好感。

我们常在电视剧中看到，有些原本有"过节儿"的人，因为被分配到一起共同完成一个任务，在合作中慢慢地彼此有了更多的好感和信任。

如果想让对方减少对我们的厌恶，可以请求对方帮我们的忙（而不是去帮对方的忙）。对方在帮助我们的过程中，会对我们产生更多的"弱者关怀"，以后也更可能帮助我们。想让两个互相讨厌的人减少敌意，有效的办法是让他们必须协作并成功完成一个任务。

3. 意识到放大的生理反应

有时候，我们对环境和他人的排斥可能是我们放大的生理反应造成的。比如，我高中的时候学习非常努力，高考的压力比较大，几乎每天晚上都是一点睡觉，六点起床，没有午睡。

那段时间，我对教室里任何声音都非常敏感，对一些不和谐的行为看不顺眼，虽然靠着较高的情商，能够很好地制止别人，但有时也能感受到确实是自己的问题，产生了明显的环境适应不良现象。后来，我每天起床后都到操场跑步，也开始培养午睡习惯，情况才慢慢好转，对环境不再那么敏感了。

当自己身体状况差的时候，身体会自发地感受到不安全，也会分泌更多的皮质醇应激，进而更为警惕周围的环境。

有的女孩子在生理期间也是如此，因为营养元素大量流失，她们的身体状况下降，潜意识里发出"我受伤了"的信号，大大提高了应激激素皮质醇的含量。这些生理反应会导致她们对周围更为敏感多疑，进而有更多的攻击性。锻炼能够促进我们的身体释放血清素和内啡肽等物质。运动时，大脑感知到身体的疲劳，就会开始释放这些物质，减少身体的疲劳感，促进身体恢复平静。

同时，这些兴奋类激素也能够帮助我们消除各种紧张和不安。适量的锻炼可以大大减少由不健康引起的过度敏感和紧张。

另外，当发现自己的不友好时，一定要提前干预。嘴巴没说什么，但是身体总是很诚实。我们的情绪有 70% 以上可以通过身体传达给他人。即使我们隐藏对一个人的讨厌，但对方还是会很轻易地感受到你的不友好。

当对方察觉到你的不友好时，往往也会对你表现出不友好。所以，如果想要忍住不愉快的情绪，也请记得控制自己的身体语言，尽量放轻松，不要表现出对对方的敌对情绪。

还有，当自己不喜欢一个人的时候，我们在解读对方的语言和行为时，会有更多的主观成分，当出现"可疑的信息"时，往往会自发脑补验证它："我就知道他不怀好意，我就知道他是这种人。"

实际上，可能对方的行为并没有针对性，却被我们的大脑自发定义为是针对我们的，进而做出负面反馈。结果自然是双方的恶意越来越多。

所以，当自己对一个人有所厌恶的时候，一定要提前干预自己的行为，减少恶意和曲解。

模糊的边界 ‹

如何放下自己的执念

可能我们会遇到这样的情况：明明感觉对一件事或一个人喜欢得不得了，但是当自己真正得到之后，发现对方并没有自己想的那么完美，自己也并不是真的那么喜欢对方。

为什么会产生这样的情况呢？一个人为什么会放不下自己的执念呢？

1. 认知闭合的需求

人天生就有一种办事有始有终的动机，如果事情还未完成，这个动机便会使我们对此留下深刻印象，从而使得我们没有办法安心去做下一件事情，比如你在玩游戏时，即使妈妈一次次叫你吃饭，你还是会说：等我玩完这一局。

而人们之所以会忘记一些已完成的事情，是因为想要完成的动机得到了满足。比如，我们住酒店期间会记得自己的房间号，但是离开酒店后就会很快忘记。

2. 沉没成本的干扰

另外，人们想放弃一件事时，不仅会考虑这件事情对自己是否有益，还会考虑过去是否在这件事情上有过投入。如果我们曾投入过，就会对这件事情更有执念。

人对"获得"和"失去"有两个心理账户。大脑对损失和恐惧有着更敏感的反应，知道自己一旦放弃和失去，就会带来恐惧和损失。所以，大脑会对自己的付出特别敏感。

3. 自尊心引发的逆反心理

还有，人天生就是逆反动物。参与稀缺竞争，会带来强烈的刺激感。我们会因为受拒绝而感觉自尊心受损（丢脸），我们去做一件事情，可能后来的目的不再是当初的那个，而是为了挽回"面子"，这也是心理学上的"受挫—攻击"理论。

因为受挫、被拒绝会带来攻击行为，有的人的攻击性较温和，可能会表现为更加进取和努力。有的人攻击性较激进，就会产生暴力行为。

4. 对确定性的追求

神秘感会让我们对事物有更多的敬畏，我们对神秘的事物也会有更多的崇拜。一旦一些人或事能给我们足够的确定性，我们就会减少对他们的尊重和执念。

我们往往会对亲人表现出更多不满，原因之一就是他们是确定的，我们知道是安全的，得罪他们的成本在可接受的范围之内。而陌生人则有一种不确定性，得罪他们是有风险的，不知道他们会给我们造成多少伤害。

而我们之所以对一些人恋恋不舍，有时是因为他们给我们带来了轻度的不确定性，让我们感觉到神秘，感觉到很有吸引力。对方越是一言不发，自己越会焦躁地想知道对方内心在想什么。对方的一举一动，我们都认为有其含义。我们会一直处于猜想之中，越陷越深。

那么怎样才能放下执念呢？大家可以根据上面的分析自己去想想办法，我在这里也谈谈我的一些经验。

1. 完成未完成的事

完成一件事情是放下执念的较好办法。我们看电视时，经常看到这样的情节：垂死的人憋着一口气，一直等到某个人来了之后，说完最后一句话，才离开人世。虽然这只是剧情设计，但也反映出人的认知闭合需求带来的力量确实非常强大。

所以，如果说某件事情是能够实现的，就尽可能去做吧。比如，向喜欢的人表白，失败了也当作完成了（当然，也可能引发"受挫—攻击"反应）。

2. 反问自己的本意

对于沉没成本，到底是放弃还是不放弃，其实是非常令人头疼的一件事。放弃了，可能导致浪费；继续坚持，可能造成更大的损失。就像追女孩追得千辛万苦，还是不能俘获芳心一样：想放弃，觉得自己再坚持一下，可能对方会同意的；不放弃，又觉得可能最终还是徒劳。

但有一些事情是比较确定的，那就是自己对事物的认知态度——自己是真的喜欢，还是因为舍不得沉没成本？比如你买了一张电影票去看电影，看到一半觉得不好看，那就离开吧，这样自己也可以省下更多的时间去做自己喜欢的事。不要舍不得，否则是错上加错。同样，对一个人已经感觉不到温存了，也就不要再勉强和欺骗自己了。

3. 减少距离带来的美化

我们会因为距离感对对方多一些尊重和喜欢。有时候，我们之所以放不下一些人和事，是因为这种距离感让我们对其进行了过度美化，比如我们父母口中"别人家的孩子"，比如我们的"上一届学生"总是很厉害。这都是距离感让自己美化了未知的和未得到的人或事，看不到其不足之处而对其更加喜欢。

每个人，每件事物，都会有自己的不足之处，直到自己接近他的时候，你可能才会发现：他并没有我想得那么美好。

4. 不过度排斥负面想法

我们越是排斥一件事情，它就越会影响我们。就像那句"不要去想大象"，反而让我们脑子里满满的都是大象。所以，尽量不要去排斥自己的负面想法。

如果心中有这样的想法，不要一直希望能够忘记它，而是尽可能让自己顺着它去思考，引导自己慢慢走出来。这样也不会引发"受挫—攻击"机制，而会让自己更容易放下这些想法。你会发现，当自己不去排斥，而是接受自己放不下的事情时，反而会让自己真正放下。

看得见的影响 ‹

如何减少我们的负面情绪

要解决一个问题，最重要的是找到问题的根源，所以如果想要减少负面情绪对我们的干扰，首先需要找到让我们沉浸于负面情绪中的影响因素。

1. 完美主义

在经济学上，追求极致的代价是极高的成本。

换句话说，生产一件产品时，如果别人在性能上追求 99% 的完美度，而我们追求 100% 的完美度，那么我们需要付出的代价可能是在这 1% 上投入数十倍甚至百倍的代价。显然，这样做非常不划算。

同样，个人的行为模式也有类似的情况，完美主义会降低我们的"时间贴现率"，让我们付出极高的成本。我们不得不花更多的时间和精力去完善一件事，陷入一种"追求—不满足"的循环之中，在低效率和长时间的高压中产生疲惫感。

2. 生理性疲劳

我们的身体温度在一天之内呈周期性变化，同样，心理能量也是如此，也会像海洋潮汐一般时高时低，我们称其为心潮。也就是说，我们对抗疲劳的能量是非常有限的，而且是不断变化的。

如果我们睡眠不足，不好好锻炼，那么身体内的抑制性递质因子和一些毒素不能及时排出，就会降低我们的生理应激，让我们产生生理疲劳。

3. 竞争性压力

一个人的成长一直伴随着资源的获取和失去，我们需要的资源包括社交认可资源、注意力资源、物质资源、安全资源等。但是，资源的获取也会带来压力，毕竟这不是一件简单的事情。

资源的获取有它自身的交换体系，我们想要获得一些资源，就必须拿另一些资源交换。想获得更多的社交资源，就必须花更多的精力去维护它；想获得物质，就必须付出更多的劳动。当我们感知到付出和收获不对等的时候，就容易感到疲惫和失落。

4. 错误归因

我们都知道，面对同样的事情，大家的反应情绪是不一样的。这是因为我们对事物构建的意识不同。心理学上有一个情绪 ABC 理论，讲的是一群人面对同样的事情时，因为过去的经验和所受教育的不同，会对这件事情产生不同的认知信念，进而产生不同的情绪和行为。

我们当中的大多数人或多或少都会有绝对化思维，比如希望每个人都喜欢自己，或者一旦自己某个行为失误就认为自己形象全毁了，这种绝对化思维也会给我们带来疲劳感。

实际上，这和前面所说的完美主义有所重合，都需要我们付出更多的精力去维护，让自己生活在小心翼翼之中。

了解了产生疲劳感的部分原因，那么，怎样才能更好地减轻自己的疲劳感呢？

1. 自我预防

行为的决策属于自我博弈，而下棋最重要的是知道对方的下一步棋怎么走。同样，想要更好地战胜自己，最好的办法是自我预防，掐断自己完美主义的念头。实际上，这也是常用的自我心理调节的办法，我们称之为"再认知过程"。

比方说，有的人总是希望总结出一个高效的办法，从而陷入对工作学习方法论的过度追求，导致低效。如果他能够意识到这一点，就应该寻找几个较好的办法去训练，停止对方法论的过度追求，否则可能得不偿失。

还有，我们总是希望所有人都喜欢自己，但是我们与环境和他人又是非纯粹关系，也就是存在竞合关系。"让每个人都喜欢"这种绝对化欲求是几乎不可能实现的，自己也必须认识到这一点，对自己的非理性信念做思维预防，可以给自己尽可能多的正面暗示。

以前我看过一个新闻，讲的是一个明星在拍戏过程中遇到一个孩子晕倒，她抱着孩子去了医院，结果很多人认为这个明星在炒作自己。实际上，如果她没有抱孩子去医院，我想也一定会有人指责她"没爱心"。

也就是说，即使你做的事情基本没有错误，还是会有人对你妄加评论。所以，经常提醒自己"没有完美的选择"，让自己意识到自己的想法存在的不足并且接受它，这样可以减少自己的焦虑。

2. 增加自我能动性

套用一个戏谑的说法来表达睡眠的重要性，那就是，没有什么疲劳是睡一觉解决不了的，如果有，那就睡两觉。

我们在睡眠的时候，大脑会分解 β - 淀粉样蛋白等有害物质，身体会进行毒素废弃物的分解和排出，使身体机能得到恢复。睡觉对疲劳的缓解是非常有效的。

睡觉的时候，身体也会分泌一定的皮质醇，而皮质醇有消炎的功能，能够修复身体的一些受损组织，也能够提高身体免疫力。

除了睡觉，还可以通过锻炼来缓解疲劳。我们的身体存在兴奋类递质和抑制类递质，两者是"你多我少"的关系。而锻炼的好处之一就是增加自己的兴奋类递质，从而让自己不会因为过多的抑制类递质导致疲劳。

3. 提升个人能力

我们的无奈和疲惫，有时候是因为能力有限而想得到的东西太多，也就是在资源获取过程中受到的阻力较大。我们除了应该降低自己对资源获取的预期，更需要做的是提高自己的能力。

提升自己是解决问题的第一法则。因为当自己的能力足够强时，就不会对每件事都焦头烂额。

我以前开始玩竞技游戏（竞争）时，一心想"升级"（荣誉资源），但是总是失败（受挫），后来自己的竞技能力"碾压全场"（能力提升），就很少有那种受挫感了（结果）。

社会生活中总是存在比较和竞争，如果我们不能很好地提升自己的能力，那么被淘汰在所难免。想活得轻松，我们需要先付出更多的努力。

4. 避免负面的自我强化

我们会因为快乐而手舞足蹈，也会因为手舞足蹈而感到快乐。因为情绪会影响行为，而行为也会影响情绪。如果我们因为感受到疲惫而陷入负面情绪，这种负面情绪往往会进一步强化我们的疲惫感和无助感。

所以，当自己疲劳的时候，最好不要一个人沉浸其中，而是要多与人沟通和交流。如果想自己一个人静一静，也不要过多地去排斥他人，因为越排斥，越容易陷入负面情绪，进而加剧疲劳感。

5. 避免过激情绪

我们经常会说："段子手把快乐给了我们，把伤心留给了自己。"这句话有一定的理论基础——心理摆。当外界因素对人们的心理产生刺激时，人的心理状态便会呈现出多层次或两极分化的特点，也就是像钟摆一样在两个相反的方向上来回摇摆。

我们常常会在和好友聚会回家后或结束游戏后感到更加失落，也有这个原因，人们常说的"乐极生悲"就是这样一种极端的情况。所以，不要让自己产生过激的情绪也是减少失落和疲惫感的办法之一。

▶ 面具的背后

怎样才能大致了解一个人

我们的一生会遇到千千万万的人，没办法保证遇到的每个人都是好人，但是我们能够用自己的经验和知识远离那些让自己感到难过和煎熬的人，减少他们对我们的伤害。

那么，怎样才能大致了解一个人呢？

1. 他对家人的态度

就像害怕黑夜一般，人们对未知和陌生事物也有更多的敬畏；而我们熟悉的家人则给了我们确定性和安全感。我们知道自己对他们的愤怒不会给我们带来很大的伤害；而对陌生人，我们不知道冒犯他们会给自己带来多大的伤害，所以会对他们更尊重。

如果一个人能够对家人很尊重，没有很强的控制欲望，不会不自觉地暴躁，那么可以大致了解这个人的人品基本"过关"。这是很重要的，因为你以后也可能成为他的家人，现在他对待家人的态度，很可能就是将来他对待你的态度。

2. 他关系最近的 5 个好友

人类交友的目的有两个——互悦和互利。一个人最接近的 5 个好朋友的人格加权往往就是这个人人格的大致反映。尤其是他在学生时代的朋友，因为那个时候交友的目的更为纯粹，互悦的成分更多。

两个人能够成为好友的前提之一是心理互容，也就是有较多的认知重合之处。一两个好友也许不能很客观地反映一个人，但是 5 个好友的加权，反映出来的人格偏差通常不会太大。

3. 他是如何处理矛盾的

黑格尔说过，矛盾无处不在，矛盾也是事物发展的根源。我们每天都面对很多矛盾，有和他人之间的，也有和自己的。一个人处理矛盾的能力有多强，能够到达的高度就可以有多高。

想要知道一个人为人如何，更好的角度是看他如何处理矛盾。当他与自己发生矛盾的时候，能否清楚地意识到自己的不足。当他与别人有矛盾的时候，他是否给自己和别人留下退路。

能够处理好自己与自己矛盾的人，有着较高的自我认知，因为他能够知道自己的不足；能够处理好自己与别人的矛盾的人，拥有更强的共情能力，更懂得尊重和谦让。

4. 他愤怒时的行为

阳光背后一定会有阴影，再繁华的城市也有脏乱的角落，再好的人也会有愤怒的时候。一个人愤怒的时候往往会失去自我，表现出更多的破坏性。

我们不能因为一个人表现过一两次的愤怒而否定他，但是我们可以通过观察他愤怒时表现出的破坏性来了解他，尤其是当他对待身份地位不及自己的人表示不满的时候。如果他在暴怒的时候仍然能够很节制地宣泄，那么这样的人必定有着很强大的内心和独立的人格。

5. 观察他的精力分配

想知道一个人到底是上进还是放纵，最简单的方法就是观察他的精力分配。

就拿"朋友圈"来举例，如果一个人的"朋友圈"都是各种"吃喝"或者明星八卦，这个人可能很会玩也很会卖弄；如果一个人很少发朋友圈，可能是因为他有处理不完的事情，也可能是因为他不需要别人的太多"点赞"，生活可能更加独立。

很久以前有人做过简单的调查，发现每天花 2 小时看影视剧的人更多的是低收入群体。我也相信，除了工作互动的需要，一个人如果每天能够花 2 小时不停地刷微博，那么他的时间也应该非常不值钱。从静态来看，他的时间成本也非常低，能够创造的价值也不高。

总之，不要因为距离而忽略了事实，从而美化或者丑化对方。没有完美的事物，也没有完美的人。

但愿，我们都能遇到对的人。

◆

第十章

情绪的对抗

积极情绪 vs 负面情绪

　　积极情绪不仅能够提高我们的工作效率，也有助于提高身体免疫力。并且，积极情绪还能够扩宽我们的视野，让我们更具有创造力。而当我们沉浸于负面情绪之中时，生理和心理都会受到一定程度的损害。所以，尽可能地保持良好的情绪对我们的健康和能力都有重要意义。可是，我们为什么总是陷入深深的负面情绪之中呢？如何才能让自己保持长时间的好心情呢？

▶ 过不去的坎儿

我们为什么会沉浸于负面情绪中（一）

　　我们在前文中提到，人们有认知闭合的需求，如果一件事情没有结尾，我们就会对其耿耿于怀。

　　这种需求虽然能够让我们做事有始有终，但它也会让我们陷入负面情绪之中。杰弗里·M. 施瓦兹（Jeffrey M. Schwartz）的著作《脑锁：如何摆脱强迫症》中提到：

　　当我们觉得"事情还没完"时，大脑的"眶额皮质"就会被外界不安全的信息激发得兴奋起来，从而向位于皮质最深部位的"扣带回"发出信号。"扣带回"触发了可怕的焦虑，将信息上传给中枢指挥系统"杏仁体结构"进行评估后，向身体发出信号，进而提高皮质醇含量，让我们感觉到不安，并做出相应的反应。

　　位于大脑中心底层的"尾状核"是我们的动力源泉，属于多巴胺系统的一部分。在正常情况下，当我们觉得一件事情已经结束，对神经细胞传递兴奋的"动力"供应会慢慢停止，由兴奋回归平静。

　　而强迫情绪的发生，实际上是"尾状核"制动失灵，即使事情已经结束，但"眶额皮质"和"扣带回"却不会自动地回归平静，始终被锁在兴奋状态，令恐惧的传递回路始终处于接通状态，不断地向"杏仁体结构"区域上传"进行中"的信息，中枢指挥系统就会不断提醒你考虑各种危险，从而表现出强迫情绪。

　　而当我们处于这种"某事还在进行中"的状态时，奖励中枢的重要组成"尾状核"会被"占用"，大脑也会出现"脑锁住"现象。此时，分泌 5- 羟色胺、多巴胺等激素的功能无法正常进行，我们就会产生各种负面情绪——焦虑、尴尬和失落。

　　这种现象在生物进化上有其积极意义。它会促使我们去检查自己做过的事情，及时查漏补缺，并从中吸取经验，减少潜在风险。

但是，随着社会压力越来越大，我们所需要考虑的事情也越来越多，这一功能的工作强度也在增加，就更容易发生"制动失灵"的现象，会不断重复检查一件事情是否已经结束。

而在面对让自己焦虑和失落的事情时，这种"脑锁住"的现象会更为明显。那么，怎样才能走出负面情绪的"脑锁住"呢？

新南威尔士大学心理学院的博士艾丽西亚·威廉姆斯（Alishia Williams）和米歇尔·莫尔兹（Michelle Moulds）进行了这样一个实验。

他们让 77 名被试回想在过去一周内自动出现在脑海中的一些不愉快的事件或情境，然后将所有被试随机分到两个组，让第一组被试去更多地思考这些负面事件，如仔细想想这些事发生的原因，及其对自己的影响；让第二组被试去做其他任务。

结果发现，比起第二组，第一组被试对这些负面事件的评价更为消极，而且带有更多的负面情绪和不满。

换句话说，如果想尽快走出负面情绪，最好的办法是让自己忙碌起来。当我们忙碌起来时，对这些负面事件的思考就会暂时停下来。

当自己感受到太多的负面情绪时，可以通过跑步、工作或者旅游来分散自己的注意力，减少自己的不愉快。而随着时间的推移，当这些负面事件的记忆在大脑中被抑制住时，它们对我们的影响就不那么大了。

▸ 过不去的坎儿

我们为什么会沉浸于负面情绪中（二）

前面大致从大脑神经层面分析了负面情绪产生的原因。接下来我们来看看社会因素会对我们的负面情绪产生有哪些影响。

争取更多注意力

每个人都渴望得到别人的注意。即使当我们还是被母亲抱在怀里的孩子时，我们看得最多的也是母亲的眼睛，那会让我们感觉到爱意，而一旦我们觉得母亲不再看自己，就会通过哇哇大哭的方式来吸引她的注意。

而长大些以后，我们仍然会通过各种自我表现的方式来吸引别人更多的注意。这也是我们的原始本能，就像能够吸引到父母注意的雏鸟更可能得到食物（照顾）一样，我们也能以此获得想要的资源。

比如，有的人在争吵时会提高音量，有的人则表现出柔弱和失落。而关于后者，有人更是生动地总结出了这么一句话："小时候摔跤，总要看看周围有没有人，有人就哭，没有人就爬起来。"

在别人面前表现出柔弱和失落，很重要的目的是得到别人的注意和关怀。所以，我们也会在朋友圈里面看到"我失恋了"这样的字眼。它的潜台词是："我好惨啊，快来安慰我吧。"所以，从这个层面上看，一些负面情绪的表达能够为我们争取更多的注意和资源。

平均值的回归

　　而从另一个层面上看，负面情绪的产生是平均值的回归。认知学家丁峻在其著作《思维进化论》中提到了"心潮"概念，认为我们的情绪也像潮水一样起起落落，有高峰，也有低谷。

　　这和上一章内容讲到的"心理摆"本质上是一致的。所谓"乐极生悲"，其本质是，过度的正面情绪增加了我们"心理摆"摆动的幅度，让我们在回归平均值时产生了较大的情感落差，这时很容易产生负面情绪。所以，如果想减少这种负面情绪的发生，就不要毫无节制地寻求刺激和愉悦感。

　　除了以上两个原因，我们之所以会产生负面情绪并且愿意沉浸其中，另一个原因则是"享乐逆转"。

　　"享乐逆转"理论是宾夕法尼亚大学的心理学家保罗·罗津（Paul Rozin）提出的，该理论认为人可以通过可接受程度的痛苦得到快感，比如一些人很喜欢蹦极和跳伞运动；又比如麻辣并不是一种味觉，而是一种痛觉，但是很多人却很享受这种低程度的灼伤感；同样，也有一些人喜欢沉浸于负面情绪中。不过这种行为一般较为可控。

▸ 与内心谈判

接纳自己的不完美

如果我们做错事，别人可能会责怪我们。很多时候，我们自己也会责怪自己。责怪自己不够好，责怪自己不够聪明。尤其是当我们对自己要求非常苛刻，而自己当时还达不到要求时，我们的自责尤为严重。而这种苛刻会损害我们正面的自我评价。

实际上，自责对我们的负面作用不止于此。它对我们的自控力也有非常大的影响。

美国组约州立大学和匹兹堡大学的心理学家曾开展过一项关于"自我批评"与自控力关系的研究。他们寻找了 144 名不同年龄段的饮酒者作为被试。研究者给每位被试配置了一台电脑，让他们每天早上记录自己的饮酒情况及饮酒后的感受。

研究发现，被试对自己饮酒的描述基本是头疼、恶心和疲倦。但是他们的痛苦不仅源于过度饮酒，部分人还会感到罪恶感和深深的自责。

而当被试因为前一晚过度饮酒而产生自责时，他们更可能在当天晚上和之后喝更多的酒。而在另一个实验中发现，那些能够达成自我谅解的人，在自我行为控制上表现得更好。

我们经常用自责来表达对自己的不满，这会让我们产生心理压力而引起大量消耗能量，进而让自己失控。如果想要走出这种负面情绪的循环，我们需要做的是自我接纳——既能接受自己好的一面，也能接受自己不足的一面。

传统看法是，自责能够让我们发现自己的不足，并让自己减少再犯同类错误的风险。但是研究表明，实际情况与我们的直觉相悖，比起罪恶感，自我接纳更能增加一个人的责任感。

在个人挫折面前，持自我接纳态度的人比持自我批评态度的人更愿意承担责任。他们也更愿意接受别人的反馈和建议，并更可能从这种经历中学到东西。

自我接纳是对自我能力的准确评估。比如我们知道自己不可能攀登珠穆朗玛峰，但我们不会为此责备自己的无能为力，而是会告诉自己"我还可以爬别的山"。

如果我们能够看到自己的能力有限，也能够看到与自己能力匹配的环境，能够准确评估自己的能力与环境的关系，就能在很大程度上避免产生负面情绪。

自我接纳是一种成长心态，能让我们更坦然接受失落。心理学家卡罗尔·德韦克（Carol Dweck）在研究人们面对失败产生的态度时，发现了两种不同的心态——固定心态和成长心态。

抱有固定心态的人对错误的容忍度非常低。他们会将每一次表现看作决定他个人形象的定论性判断，一旦遇到失败，他们就会陷入深深的不满，给自己制造很多不必要的压力。

而抱有成长心态的人对自己失败的容忍度比较高，能够看到自己当前的不足，即使失败了，也会接受自己，他们相信自己的能力可以通过努力来提高。

所以，如果不想让自己深陷负面情绪和自责中，想让自己成长得更快一些，我们就需要接受自己的不足。

再强调一次：如果想要让自己更美好，首先要学会接纳自己。

‣ 被低估的影响

心理暗示的力量

我们为了追求成功和逃避痛苦，会不自觉地使用各种自我暗示。

比如困难临头时，我们会安慰自己"快过去了，快过去了"，从而减少忍耐的痛苦。

我们在追求成功时，也会经常想象成功之后的美好场景。这个场景的创造，也构成自我暗示，为我们提供动力，使我们提高挫折耐受能力，保持积极向上的精神状态。

很多心理学研究也证明了心理暗示对人的影响。那么，我们该如何利用心理暗示来保持好心情呢？

心理暗示分为正面心理暗示和负面心理暗示。我们应该尽量避开负面心理暗示，适当给自己正面的心理暗示。

比如，有人第一次上台演讲时一直在心里默念"不要紧张，不要紧张"，这种暗示看似正面，实际上也属于负面暗示，因为它本质上在强调自己的不足。如果想要给自己正面的暗示，则要更多地使用正面的词汇，如"我很淡定"。

除了自我暗示还有他人暗示。我们的行为很容易受到别人举止的影响。脑成像实验发现，当人们在经历或看到别人在经历某种情绪的时候，大脑中的镜像神经元会被激活。

换句话说，在某种情绪环境下，观察者和被观察者会经历同样的神经生理反应。而镜像神经元是我们学习行为的基础之一，会让我们不自觉地模仿别人的行为。

这也是为什么要强调我们要远离负能量的人，因为他们的情绪和行为会给我们带来负面的心理暗示，增加我们的负面情绪。同样，接近那些乐观向上的人，我们也能够感受到他人的好心情，从而获得积极的心理暗示。

总之，人非常容易受到外界各种信息的影响。心理暗示是一种强有力的心理调节技巧，能够在短时间内改变一个人的生活态度和心理预期，增加个人的心理承受能力。善用这个小技巧，我们就可以在一定程度上减少焦虑和不开心。

‣ 资源的矛盾

如何减少竞争产生的焦虑感

弗洛伊德认为，"人的一切痛苦，本质上都是对自己无能的愤怒"。虽然这句话不能全面解释我们负面情绪的来源，但是，当困难来临时，"无能为力"确实会让我们感到失落。

很多时候，我们的失落和心累，是因为面对想要争取的东西时，发现自己的能力很有限。当自己辛苦几个月"备战"的作品在初赛就被淘汰，或者看到喜欢的东西却得不到时，我们都会感到失落。

资源的有限性决定了我们生存的环境充满竞争和比较，而竞争和比较都会让我们感到压力。

可能有人觉得自己不需要竞争也能活得很好。可是，即使我们对物质要求非常低，不想过多地参与社会竞争，我们也需要通过工作来获取自己所需要的基本生活资源。

而在大多数情况下，如果想要让自己活得很轻松，反而需要付出更多的努力。然而，努力付出却不一定会带来回报，我们也可能因此而陷入焦虑之中。那么，我们该如何减少这样的社会压力呢？

心理学家朱克曼（Zuckerman）和约斯特（Jost）经实验证明，人们会觉得自己朋友的成功比陌生人的成功更有威胁。

可能很多人都有这样的疑惑：当身边的朋友表现得比自己好的时候，我们或多或少会有些嫉妒；而当表现得好的人不是我们身边的那些人时，我们会更多地表现为无感或羡慕。

为什么会出现这种现象呢？实际上，这就是另一种进化遗留问题。如果与我们生活在同一个群落里的人比我们更强大，那么他们就可能会在群体中占用更多的资源，让我们感到被剥夺和被威胁感。所以，我们大多数时候都不喜欢离自己最近而又比自己优秀的人。

朋辈之间的竞争是我们最大的压力来源之一，过强的竞争意识只会让自己产生更多的压力，甚至会让自己感到痛苦。

当自己心中出现了对自己身边优秀者的嫉妒心理时，一定要提醒自己，那只是进化的遗留，他们的优秀已经不再像原始社会那般影响到我们的生存，反而可以激励自己变得更优秀。

要想让自己进步得更多，就要从内心接纳那些比我们优秀的人。因为目光长远和不被这种"进化遗留"影响的人更明白，自己的竞争对手是"更远方"的人。一个群体的进步会让自己进步得更多；如果我们总是把目光放在身边的人身上，自己的进步空间就会小很多。

第三部分

反本能之社会洞见
看到看不见的，说清想说的

我们每天都要面临很多决策，但是我们的精力有限，不可能管控自己的每一个决策。而当我们面临较为重要的决策时，则需要打起十二分精神，尤其是在面对一些存在明显诱导性的情况时，更要多加防范。

我们生活在一个信息爆炸的时代，随着信息的冗余度增加，我们深度思考的负担也越来越重。

而有些人甚至因为长期接触别人完全推理后的知识而缺乏思考练习，导致辨别能力下降，只会进行泛泛的阅读，感觉自己好像已经了解某方面的知识，但是当需要将其整理成文字或者用语言表达出来的时候，却发现自己无从下手。

久而久之，我们会丧失将知识加以延伸和推理的能力。

有一个大学生专业满意度调查报告发现，超过一半的大学生不喜欢自己的专业。一些高中生在进入大学之前，可能因为不够了解大学的专业，听了别人的建议选了一个专业，进入大学后才发现这个专业并不合适自己。

在我们的生活中，也有一些人通过各种营销方式让我们买了很多不需要的东西。更尴尬的是，当自己回忆为什么会买它们的时候，竟然发现找不到理由，只知道当时糊里糊涂地觉得对方讲得好有道理。

那么，怎样才能让自己在重大决策上少受别人的干扰并减少失误呢？

◆

第十一章

外部干扰

有哪些常见的决策陷阱

　　很多商家在鼓吹"自己开心就好"，诱使我们购买自己根本不需要的商品。在这个信息超载的时代，我们所面临的选择也越来越多，但其中也可能存在陷阱。那么，哪些因素会干扰我们的思维和决策呢？

▸ 控制感的陷阱

过度乐观的人更容易"入圈套"

拥有控制感，对我们的好处非常多。它除了能增加我们的幸福感，减少我们的攻击性，还能提升我们的自我效能感。

如果一件事情能让我们有控制感，我们会更愿意为之投入精力和金钱。但这一点也常常被商家利用，制造营销"陷阱"，如果我们对此缺乏警醒，很容易"入圈套"。

心理学家瓦特（Watt）和华生（Watson）等人做过一个实验：观察被试在不同条件下购买"刮刮乐"的消费金额多少。结果发现：如果使用机器摇骰子，人们愿意为之支付 2 美元；而如果人们自己摇骰子时，他们平均愿意多花 7 美元再买几张。

之所以会出现这种情况，是因为我们认为自己摇骰子时更可能中奖。实际上，中奖概率依然是随机的。但是，控制感能够增加我们的自我效能感，让我们获得更多的自信。

很多广告和场所正是利用我们的控制感让我们产生"无缘无故"的自信，让我们深陷他们设置的"局"中。

如果仔细观察，你就会发现，很多电视剧都喜欢在令人惊悚的片段打住，插播豪车和名表的广告。

这是因为，当我们观看令人惊悚的片段之后，突然打住，会让我们松一口气，产生"心理势差"，而插播这些豪车和名表的广告会让我们觉得是这些豪车和名表让我们缓解了这些焦虑，进而更喜欢这些豪车和名表。

控制感能够带给我们喜悦。我们很喜欢玩游戏，原因之一也正是那些游戏让我们更有控制感。比起复杂多变的现实世界，网络游戏显得简单得多。只要轻轻按几下键盘或鼠标，就能随意操控游戏人物。

控制感能够带给我们更多的信心，促进我们进步，但是它也容易让我们做出错误的决定。当感觉周围环境都在控制之中时，我们会产生过多的信心，这会让我们松懈。此时，我们更容易被说服，更容易大意，也更容易犯错。

我们常见的控制感"陷阱"之一就是捧杀。《风俗通义》里有一个典故，"杀君马者，道旁儿也"。有一个人骑着快马出行，路旁有一些人不停地夸他的马跑得快，一直鼓掌，问还能更快吗？这个人听了很高兴，于是快马加鞭，在欢声笑语中把马累死了。是谁害死了这匹马呢？是路边鼓掌和吹捧的人啊。

一些商家为了让我们多消费，不停地夸我们与众不同，让很多人产生了非理性消费。

总之，当我们感觉"一切都在掌握之中"时，就要注意是不是有人在对我们玩弄控制感"陷阱"。

‣ 呈现的画面

为什么我们总被故事说服

我看过一篇旅游应用的广告，里面有一段话。

你写 PPT 时，阿拉斯加的鳕鱼正跃出水面；你看报表时，梅里雪山的金丝猴刚好爬上树尖；你挤进地铁时，西藏的山鹰一直在云端盘旋；你在会议中跟同事争吵时，尼泊尔的背包客端着酒杯坐在火堆旁。有一些穿高跟鞋走不到的路，有一些喷着香水闻不到的空气，有一些在写字楼里永远遇不见的人。

这段广告词并没有直接告诉我们，旅游能够扩宽我们的视野，让我们的生活更有趣，而是通过各种形象化的描述，将各个地方的美景鲜活地呈现在我们面前。让我们感觉到很强烈的视觉冲击。

那么，这么做到底能不能更好地达到说服我们的目的呢？

哈佛认知神经科学家斯蒂芬·柯斯林（Stephen Kosslyn）曾做过一项脑成像实验，目的是观察阅读者闭上眼睛后脑海里想象不同字母时大脑激活区域的变化。

他们发现，当被试想象不同的字母时，被激活的是视觉皮质区域中的某一部分。也就是说，即使是对文字的回忆，也会激活视觉皮质系统。

对大脑来说，文字在很大程度上还是属于图像类型，只不过它们还需要进行转化，比如让大脑前额皮质来参与理解它们。

比起发展了几千年的大脑文字阅读系统，人类大脑的视觉感受系统经历了更长的发展时间，其适应性也更高一些。即使是文字的出现，也是从可视化的图像和象形文字开始的。

所以，人们更喜欢可视化的文字，这可以大大加深我们的理解能力，对我们的决策也有极大的影响。

可视化的描述能让我们理解得更轻松一些。如果我们能够让自己的观点像"一幅画出现在眼前"，那么，我们也更容易说服对方。

这种现象也可以解释为什么《苏菲的世界》的销量远远超过了诺贝尔文学奖得主罗素的《西方哲学史》。毕竟，比起枯燥的理论，人们就是喜欢那些像画面一样呈现在眼前的描述。

心理学家做过这样的实验。他们召集了两组癌症病人作为被试，给这些被试介绍某种新型的癌症治疗手段。他们告诉第一组被试这种治疗手段的治愈率为90%，并且说了一个负面的事例（比如老王用了这个方法后离世了）；告诉第二组被试这种治疗手段的治愈率为30%，并且说了一个正面的事例（比如老王用了这个方法后治好了）。

结果发现：被告诉"治愈率90%"的那一组，有39%的被试表示会尝试这种疗法；而被告诉"治愈率30%"的另一组，却有多达78%的被试愿意尝试这种疗法。也就是说，人们更加容易受到"事例"的影响，而不是"数据"的影响。

很多广告也是用这种方式来说服我们的。如果我告诉你有一个理财产品的年收益率为–70%，也就是投入100元损失70元，你会购买吗？我想不会，但有些人还是会去买彩票。

其实彩票也是属于年收益率为–70%的理财产品。他们的宣传策略就是告诉大家"隔壁老王中了500万"，这可就生动多了，进而可以达到营销的目的。

除此之外，很多广告词也是通过画面式描述来影响我们的。它不是简单地告诉我们"很多人在用我们的产品"，而是告诉我们"一年卖出的产品连起来可绕地球三圈"；它不是告诉我们"我们的牛奶纯天然"，而是说"奶牛在大草原上每天晒太阳时间超过10小时"。

你打算买手机，对各款手机的好几十项参数做了对比，好不容易选定了一款心仪的，但你的朋友告诉你"前段时间我用这个品牌的手机，修理了好几次"，这时，你很可能会受到"修手机"这种可视化描述的干扰。

但是，请相信数据和参数的比较。可视化能够让我们更好地理解事物，但是，如果我们要做一个重要的决策，还是需要依赖数据和理论模型。

有一次，我在一个护肤品柜台挑选面膜，导购员吹得天花乱坠，最后我花了400多元买了10片面膜。后来我跟一个学医的朋友说起此事，他直言我是"人傻钱多"。他告诉我，面膜并没有什么特别的皮肤修复功能，只能起一点表面作用。而且几乎每种面膜的成分大同小异，只要是合法合规生产的就可以了。

他还顺便教我如何挑选让人眼花缭乱的护肤品，那就是做一个"成分党"。无论导购员吹得多么天花乱坠，案例多么生动，我们都要先看产品成分，如果其成分与其他护肤品没有差异，那就不要期望它有独特的功能。

总之，我们只有真正了解一个事物的基本"成分"，才不容易被其"故事"所迷惑。

决策在瘫痪

选择多，不一定是好事

曾经有个朋友跟我抱怨，为什么他找不到女朋友。我的回答是"选择太多"。互联网时代让我们有机会接触到更大的世界和更多的人，同时也给了我们过量的信息。当我们面临更多的选择时，往往在观望之中错过了机会。

心理学家希娜·艾扬格（Sheena Lyengar）曾做过一个现场实验，让不同的被试免费品尝 6 种或 24 种果酱，试吃之后人们可以选择是否购买。结果发现：有 60% 的人停留在 24 种果酱选择的展台前，但是只有 3% 的人选择了购买；而有 40% 的人停留在 6 种果酱选择的展台前，但是有 30% 的人选择了购买。

随后，希娜在更为严谨的实验中发现，那些从 24 种果酱中做出选择的人比从 6 种果酱中做出选择的人满意度更低。也就是说，更多的选择会带来过量的信息，而且更容易为自己的选择后悔。

在之后的其他实验中，也证明了人们对于无法反悔的选择（比如最后三天的大甩卖）的满意度比可以反悔的选择的满意度更高。

过量的信息不仅会让我们犹豫不决，产生更多的后悔情绪，也更容易让我们做出错误的选择，这就好像期末考试的选择题由 4 个选项变成了 10 个选项一样，当对某道题不确定时，更多的选项会增大我们的选择难度。

美国得克萨斯大学的研究人员针对过量信息对决策产生的影响做过一个实验。

在实验中，他们要求两组被试完成相同的 250 道测试题，但是其中一组在测试之前被告知考试题目的数量和选项。而另一组则什么都没有被告知。测试结果发现，没被告知任何信息的那一组成绩要明显优于第一组。

也就是说，虽然我们的决策依赖于信息，但并非信息越多就越有利于我们做出正确的选择，过多的信息反而会成为决策的妨碍，让我们做出错误的选择。那么，为什么会出现这种现象呢？

实际上，这是因为信息增加不代表有效信息增加，当信息量过多时，我们从中筛选出有效信息的成本就会增加。而且，我们需要的核心信息也更容易被超量的信息所遮蔽。许多没用的信息反而可能被我们作为决策依据，从而导致做出错误的决策。

所以，当我们面临大量的信息时，需要明确自己的核心诉求，在这个基础上去选择信息。这样才能够最有效地剔除无用信息，甄别出最重要的信息，减少决策失误。而对于生活琐事的决策，那就交给直觉和习惯去做吧。

群体压力 ‹

再独立的个体也会受到群体影响

群体压力是常见的决策干扰因素。可能有些人认为自己不怎么受群体压力的影响，但是群体压力的影响无处不在，比如我们鼓掌时，从混乱到整齐划一，本质上也是群体压力所致。

那么，群体压力的威力到底有多大呢？

心理学家所罗门·E.阿希（Solomon E. Asch）曾做过一个关于群体压力的实验，他随机选择了一些大学生作为被试，为了避免刻意化的干扰，阿希告诉被试这个实验的目的是研究人的视觉情况。

而在实验之前，阿希会让5个实验人员假装被试坐在前5个位置，而真正的被试只能坐在最后的位置。但是真正的被试并不知道前5个人是假的被试。

阿希让大家做一个非常容易的判断——比较线段的长度。他拿出一张画有一条竖线的卡片，然后让大家比较这条线和另一张卡片上的三条线中的哪条线等长。每名被试要进行18次判断。

事实上，这些线条的长短差异很明显，正常人很容易做出正确判断。但是，在两次正确判断之后，5名假被试开始故意都说出同一个错误的回答，结果发现，只有25%的被试没有做出从众行为，其余被试都做出了1～2次的从众行为。

这个实验证明，即使是很明显的答案，当其他人都选择了错误的答案时，我们还是会动摇自己的回答，迫于压力放弃自己原来的想法，甚至做出违心的选择。

巴塞尔大学的瓦西里·克卢恰廖夫（Vasily Klucharev）和他的同事通过对被试加以刺激，让他们的行为与群体一致。实验者用fMRI（功能性磁共振成像）观察，发现当被试发生从众行为时，他们大脑中的伏隔核与控制行为的后额叶皮层（posterior medial frontal cortex）被激活。

但当他们用一种名为经颅磁刺激（transcranial magnetic stimulation）技术暂时阻断被试的大脑皮层时，被试则不再调整自身行为来服从群体行为。换言之，阻断大脑特定区域的活动，使被试暂时不受来自他人行为的影响，从而无法产生从众心理。

人们据此得出的结论是，我们的潜意识认为，从众能够带来正反馈，有人认为这种反馈是归属感。因为从众能够给我们带来被群体认可的心理预期，进而激活我们的"愉悦回路"。

除此之外，从众对我们来说也有很大的积极意义。这就像在大草原遇到狮子一样，那些跟着羊群跑的羊更可能活下来，而那些继续吃草的羊或者落单的羊难免会被吃掉。

即使社会的发展越来越需要我们进行独立思考，但我们身上还是存有从众心理。那么，我们该如何减少从众心理对我们的影响呢？

影响从众的因素主要有群体的凝聚力、群体规模、个体独立性和情景模糊度。当群体的凝聚力很强时，我们对群体的信任就更多；当群体规模越大时，我们不顺从的压力就更大一些；当我们的独立性更强时，我们对压力的适应能力也会更强；而当情景越模糊时，我们越容易从众。

当下很多"热点""热搜"，其实都是利用了大家的从众心理。比如"某个明星笑了""某个明星哭了"，绝大多数人并不关心这些事情。但是经纪公司通过引导"粉丝"转发以及雇佣"水军"造势，最后这些毫无价值的信息就被推到了大家眼前，一些好奇的人就会看一看。当看的人多了，这些琐事就会成为一条热搜信息，进一步引起大家的好奇心。

所以，如果想减少这样的从众行为，我们就要从导致从众行为的要素去分析。要注意大家是否出奇地一致；也要腾出独处时间去思考，减少他人在场的干扰；还要尽可能弄清楚自己的决策环境，避免模糊性造成的从众。

我记得之前看过一个"热点"，是一个母亲伪造了孩子被老师惩罚跑步后吐血的校服。当时我也第一时间加入了"声讨大军"，后来发现那不过是那位母亲的自导自演。其实我看过一些客观的分析，但是自己的想法是一位母亲不太可能无缘无故造谣这种事，甚至觉得这些客观分析的人有些冷血。事实证明，我当时被大众情绪裹挟，一不小心成了"帮凶"。这件事情也给了我很多教训。尤其是在网上看到那些"只有一个声音"的热点事件时，我们一定要格外注意，否则自己很容易在这种群体裹挟下被带偏。

　　总之，无论是网络热点事件，还是生活中的事件，我们都需要注意避免被群体思维或行为裹挟，保持一定的理性。

•

第十二章

自我设限

我们有哪些思维盲区

    前面我们讲了社会施加给我们的多种错误思维方式，但是，有的时候不用社会"带节奏"，我们自身也很容易陷入错误的思维方式里，无法客观地看待问题。那么，我们可能存在哪些明显错误的思维方式呢？

潜意识的偏心 ‹

我们真的比普通人优秀吗

戴夫·巴里（Dave Barry）曾说过："无论人的差距有多大，但有一点是相似的，那就是从心底认为自己比普通人强。"这种自认为比普通人强的现象，我们称之为"自我服务偏差"。

当我们的大脑在加工和自己有关的信息时，经常会出现与事实差距较大的偏差。在很多情况下，我们会认为自己比别人做得好。

心理学家曾做过很多关于"自我服务偏差"的实验。他们发现了很多有趣的现象。

大多数生意人都认为自己比一般生意人更有道德。在一份百分制的道德评分卷上，有超过50%的人给自己打了90分以上的成绩，而只有11%的人给自己的评分在74分及以下；还有一份调查显示，86%的人对自己工作业绩的评价高于平均水平，只有1%的人评价自己低于平均水平。

而在一项美国高考委员会对829 000名高年级学生的调查中，没有人在"与人相处能力"这一项上给自己的评分低于平均值，而且其中有60%的学生对自己的评价是前10%，25%的人则认为自己是最优秀的1%。

之所以会出现自我服务偏差，很大一个原因是每个人都有维护和提高自尊的需要，所以会倾向于美化自己。而当别人表现较好时，我们为了避免"被比下去"的落差，经常会将别人的成功归因于环境。心理学家邓宁（Dunning）等人也在实验中发现，自尊刚受到打击的人（如测试成绩很差），更容易指责别人。

自我服务偏差延伸出来的另一个问题是虚假普遍性——我们会错误地认为别

人会跟我们一样思考和行事。当我们喜欢某种事物时，认为别人可能也会喜欢它；当我们不喜欢某一事物时，认为别人可能也讨厌它。

比如，我们对自己很满意，认为自己很优秀、很体贴，但是追求自己心仪的人时，会认为对方应该也会喜欢我们。但这很可能只是一厢情愿。

总之，美化自己可以给自己更多的信心，但是给自己过多的信心也会让自己的思维闭塞，无法更准确地评估自己的能力，这也不可避免地会让带有自我服务偏差的人产生更多的落差，而且会将自己的失意归因于社会环境。

这也就可以很好地解释为什么社会上有很多人认为自己与众不同，当自己面试失败时，认为自己怀才不遇；追求别人而被拒时，认为对方没有眼光；自己碌碌无为时，认为是社会不公。

但实际上呢？这个社会并没有那么多"怀才不遇"的人，这只是我们的自我服务偏差而已，是对自己的美化。

在自我审视上，苏格拉底在 2000 年前就留下了认识你自己（Know yourself）的呼吁。从某种程度上讲，认识"自我"比认识客观现实更为困难。我们最接近自己，但我们并没有因为这一点而对自己了解得更深。

那么，我们该如何减少自我服务偏差呢？一个比较好用的方法是将"主我"和"客我"分离。心理学家詹姆斯将自我分为"主我"和"客我"。"主我"是指主动的自我，这是可以自由决定的部分。而"客我"则是制约"主我"决定的部分，一般由"观察者"和社会环境组成。

如果我们想减少自我服务偏差，就需要用"客我"来评价自我。也就是用外在视角、环境视角来看清自己。我看过这么一个问题："你会找一个与你除了性别，其他都一样的恋人吗？"这个问题本质就是要你跳出"主我"，用"客我"的视角看待自己。

以此类推，"你会找一个跟你各方面都很像的人做朋友吗？""你希望有一个各方面跟你一样的父母？""你希望有一个跟你一样的上司吗？"……这些问题都可以帮助我们从"客我"的角度看待自己，帮助我们减少自我服务偏差。

如果我们不能准确地看清楚自己在社会上的位置，也就不可能正确认知自己的能力水平，那也就难免"被埋没"。相反，如果我们能够看清楚自己，那么自我成长的问题也就已经解决了一半。

▶ 专业的错觉

专业人才存在的思维局限

我在前面提到过，我们的思维和注意力会因为我们所知道的知识而进行选择性关注。如果一个人长期处于某一个领域中，他的思维就很容易受到这个领域的限制。所以人们常说："当一个人手里拿着锤子的时候，他看什么都像钉子。"

固守在某领域过久的人会习惯性地用自己专业的思维去解决问题。正如古希腊数学家毕达哥拉斯因为凭借数学解决了许多问题，竟至提出"数学可以解决一切问题"的豪言。

而在我们的生活中，这种专业偏差出现的情况更是层出不穷。

将自己的专业知识迁移到生活的方方面面常常是行不通的，当自己所思考的角度都是从自己的专业角度出发时，也会让自己的思维明显受限。

我看过一本与糖尿病相关的书，是一个糖尿病临床经验丰富的老医生所写。他在书里有一个观点："所有的疾病都是因为不合理的饮食引起的"，这就是典型的专业偏差。因为还有很多疾病是因感染病毒以及恶劣的环境引起的。但是这个医生接触的病例更多是由不合理饮食引起的，所以就得出了有偏差的结论。

还有一些学法律的同学戏谑地说"法律学多了会'丧失人性'的"，因为法律是无情的，没有情面可讲。也有人说"学经济学太多了，觉得什么都是交易"，在他们眼中人是理性的，感情也不过是一种可以交换的价值。其实，这些调侃本质上都说明，以单一视角看待问题有一定的局限性。

一些咨询公司对那些运营中出现问题的公司进行调研时发现，一个公司最容易出问题的人往往是那些具有某项特长，但是缺乏其他方面知识的专才。这就好比一个程序员，如果缺乏足够的市场营销知识，他在编写代码的时候就会从简洁性和利用率的角度考虑问题，而很少考虑市场需求。

　　这也是"将才"和"帅才"的区别。"将才"更多地考虑单次战役的胜负，而"帅才"考虑的是战略的成败。前者思考的出发点往往限于局部，他们无法看到更为广阔的格局。

　　在读硕士的时候，我的导师也经常教导我们不要只看自己所在领域的文献，否则会让自己变得狭隘，想要创新，就必须了解不同方向的研究成果。当前的科研工作也确实在往交叉和融合的方向发展，宽广的知识面更有利于创新和思维的发散。

　　所以，不应仅局限于自己的专业领域，我们需要涉猎更为广泛的知识，只有这样，才能让自己尽可能多地跳出自己熟悉的领域去思考。如果自己接触的知识大多是理性推导，可以多去接触一些文学类、情感类的图书；相反，如果自己过于感性，那就多看一些不带情绪偏向的知识。我们可以学习通识类的知识，比如历史、政治、经济、管理、心理、生物、化学、物理、计算机、建筑等领域的基本常识，保证自己看待问题的多元性，避免狭隘视角让自己带着偏见看待世界。

　　学习各个领域的常识还有另一个好处，那就是不容易被各种有错误的"科普"所迷惑。我之前关注过一个很不错的科普账号，用来了解其他领域的一些知识。直到这个账号"科普"心理学知识，我才意识到其"科普"内容存在很多常识错误。

　　我只有心理学的基础知识，所以只能看出他们心理学方面的知识错误，而其他领域有没有错误我就无法识别。如果我们有各个领域的基本常识，就更容易识别他人观点中不合理的部分，更不容易被别人"带偏"。

　　总之，只有跳出自己的专业思维倾向，才能提升看待问题的高度，也才能看到更多层面的问题。

▶ "就是看你不顺眼"

你反对的，我都要支持

"为了反对而反对！"

我们在生活中经常会看到这种现象。即使你有充分的证据证明对方存在的问题，对方仍然会坚持自己的立场，甚至违心地说那些证据都是捏造的。

那么，为什么会出现这种现象呢？

这种现象被称为"信念固着"。"信念固着"是指人们一旦对某种事物建立起某种信念，尤其是为其建立起一套理论支持体系，那么就很难打破他对这件事的看法，即使出现相反的信息，他们也会视而不见。

心理学家罗斯（Ross）和安德森（Aderson）等人做了一个相关的实验。他们先给被试灌输一个错误的信息，然后试图让被试去否定这个信息。但是他们在实验后发现，一旦错误的信息给人们找到看似有联系的根据，就很难再改变他们对这条错误信息的笃信程度。

这也就造成了一个极端。如果人们曾经受益于某种处事方式。当人们打算再用这种方式行事，而别人告诉他们这种方式有问题的时候，他们往往会对别人提供的信息置若罔闻。

比如说，当我跟年长一辈的人们解释说："中国之所以会有闹婚这个习俗，是因为以前人们对性方面的知识接触得比较少，为了减少新人之间的尴尬，才要给男方灌酒，与女方发生一些肢体接触。现在信息畅通，社会包容度也高，闹婚这种习俗也该被淘汰了。"

而老一辈的人往往会说一句："祖宗留下来的规矩照做就是，要不然不吉利怎么办。"

可想而知，这种现象对我们看待事物有非常大的负面影响。当我们接触与旧事物相矛盾的新事物时，我们会更倾向于保护旧事物。因为我们曾经受益于旧事物，而这会成为支持它的证据，进而排斥新事物。这时，这种闭目塞听的心理就会成为我们进步的障碍。

那么，怎样才能减少这种"信念固着"对我们的影响呢？那就是，置换思考场景。

心理学家罗德（Lord）等人通过实验证明，当要求被试用与自己坚持的观点相反的角度去看待问题时，他们就不再像刚开始那样固执已见了。事实上，当我们思考各种可能的结果时，就会仔细思考各种不同的可能性。

我也会经常提醒自己"一个人年龄越大，越容易变得固执，越难学习新东西"。每当我看到自己不理解甚至不接受的事物时，我就会思考我们父母那一代也理解不了我们这一代的很多事物。也正是这些思考，让我在看到很多不理解的事物时，依旧能够抱着开放的心态去看待。

这种方法同样适用于消除各种偏见。设问自己为何会产生这种偏见，是不是因为接触过相关信息或事物？如果自己是"被偏见"的对象，自己有什么特质？有什么感受？通过置换自己的思考场景，可以更清晰地知道自己的想法来源，并减少信息闭塞现象。

就拿"地域黑"的现象来举例。我们可以想想，自己所在的地域有哪些被"黑"的特质，这些特质是不是真的是每个人都有呢？通过这样思考，我们很容易发现其他地区的"地域黑"也是如此，都只是不了解带来的偏见。

想要让自己更为广泛地接受新观点，我们可以思考别人为什么会有这种想法，这样，一来能够感受对方观点的可能性，二来可以发现对方观点的局限性。这样就能减少自己的思考的盲区，让自己的想法更为客观实际。

▸ 金字塔塔尖之外

成功者背后的无数失败者

上大学的时候，我跟几个朋友参加了一个创业大赛。参赛者大概有 130 多个团队，我当时感觉压力挺大的，不过后来经过努力，我们跟另一个团队获得了并列一等奖。他们是因为营业额最多而获奖，我们是因为策划、执行和答辩加分多而获奖。

从那次参赛过程中我明白了一个道理：我们能够看到的和听到的，大多是经过筛选的。参加比赛的团队有 130 多个，能够在演讲室答辩的只有 10 个团队，而最后只有 2 个团队因为获得一等奖而名登校报。

我们在社会生活中所能够听到的、看到的结果也同样大都已经经过筛选。比如这几年因为国家鼓励"双创"，加上媒体配合，我们比以往更为频繁地接收到与创业相关的信息，尤其是成功例子的报道。

事实上，那些能够被我们接收到的"成功创业"信息，同样也是经过筛选的。每个行业都有成千上万的创业者涌入，但是被报道的就那么几个。这种报道给我们的直观感受就是"成功好像很简单"，这就是典型的"幸存者偏差"。

所以，如果经常看到那些成功的故事和成功人物，我们会觉得"成功貌似离我们不远"。而这会严重误导我们的判断。

想避免"幸存者偏差"思维，避免进入更多的陷阱，我们则需要对所得知的信息进行逆推，弄清楚信息的筛选过程。

比如，有人说："读书没用，很多大学生都找不到工作，我二伯父还有三姨妈都没读过书，但他们赚的钱比大学生收入高。"这个时候，我们就要反问自己：他是通过什么筛选过程得出的这个结论。很明显，我们知道他得出"读书无用"结论的信息筛选过程是"身边有些没读书的人也赚很多钱"，而不是"所有没读过书的人都比大学生赚钱多"。这其实也可以运用"贝叶斯公式"来解释，考虑同样的事件，在不同条件下求出的概率不同。这个公式可以帮助我们认知非常多的事物，帮助我们在这个充满概率的世界看到本质。

$$P(A|B)= \frac{P(B|A)P(A)}{P(B)}$$

其中 $P(A|B)$ 指的是 B 发生的情况下 A 发生的概率，$P(B)$ 指的是 B 发生的概率，$P(A)$ 指的是 A 发生的概率，而 $P(B|A)$ 指的是 A 发生的情况下 B 发生的概率。

我举个例子，我记得之前看过一个报道，"高考恢复以来，3300 名高考状元没有 1 位成为行业领袖"，作者以此来抨击我们的教育制度。如果懂得用贝叶斯公式来看待这个报道，就可以这样分析：假设中国有 360 个行业，每个行业有 9 个高考状元，再假设全国 14 亿人中有 3.6 亿人为从业者，那么平均每个行业有一百万人从业，而每个行业中成为行业领袖的只有 1 个人。也就是在贝叶斯公式中，事件 $A=$ 成为行业领袖，事件 $B=$ 高考状元，那么 $(A|B)$ 高考状元成为行业领袖，则可知 $P(A)=1/1\,000\,000$，$P(B)=9/1\,000\,000$，$P(B|A)=9/1\,000\,000$，可以算出"高考状元成为行业领袖"的概率接近 0。

通过这样分析，可以看到上述报道结论的"筛选过程"存在荒谬的推理，也就不容易被其错误的观点"带偏"。

通过分析对方结论的"筛选过程"，我们能更好地找到对方的逻辑漏洞，也能避免让自己陷入这种思维陷阱。当然，要想更好地弄清楚事物的真实情况，最好的办法还是弄一份"详细的问题数据记录"。

▶ 要不回来的成本

坚持还是放弃，这是个问题

　　假如你打算周末看场电影放松一下，兴高采烈地买了一张电影票，但是当自己观看时，发现这是一部"烂片"。这个时候你可能会想：花钱买了电影票，走了好浪费；不走又觉得看这样的电影真是浪费时间。

　　我们经常会遇到这种两难的选择，如果我们在某个选择上投入过成本，那么当需要进行调整时，我们会更倾向于保持原来的方式，舍不得放弃自己已经对其投入的成本。但是，如果事情的发展已经不可逆转，不断投入只会让我们损失更多。

　　心理学家哈尔·R. 阿克斯（Hal R. Arkes）和凯瑟琳·布卢默（Catherine Blumer）曾经用一个实验证明了过去的投入会影响我们的决策思维和选择。

　　在实验中，研究人员将被试分为两组，然后给被试设置了以下的场景。

　　假设自己是某公司的最高管理者，决定用 1000 万美元开展一项新产品研发项目，结果在已经花费 700 万美元，项目完成 70% 时，发现竞争公司已经提前研发成功，并且产品的各项指标都高于自己公司的研发预期，也就是说，即使自己的产品研发成功，也很难有市场。

　　研究人员对其中一组被试进行提问：作为公司决策者，是否会把剩余的 300 万美元研发资金继续用于该项目？他们统计后发现，85% 的被试会选择完成该项目。

　　而在对另一组被试测试过程中，研究人员不提及项目需要的总资金和已经投入的资金，只是告诉他们"完成项目还要投入 300 万美元的研发资金"。结果，只有 17% 的被试支持在该项目上继续投资。

　　这两个对比实验得出的结论是，当我们知道自己对某事物已经投入很大的成本时，就更难以舍弃；而当我们不知道自己已经投入的成本时，我们继续投入其中的意愿就弱了许多。

而另一个实验则证明了，无论沉没成本有多少，只要人们付出了成本，就有想要"回本"的心理，并且会继续为之付出。这也是很多人会在赌场中输个精光的原因，当他们输了一点的时候，心想再玩一局大一点的，只要赢了，就能"回本"了，就这样一步步地深陷其中。

"沉没成本"会极大地影响我们的决策，如果我们继续原来的选择，可能会失去更多；而放弃原来的选择，那么原来的所有投入都会变成损失。

这就好像自己早上等公交车的时候，等了半小时公交车还没来，心想已经等了半小时了，再等等吧，结果半小时又过去了。为了避免迟到，当自己决定打出租车去公司时，刚离开公交车站，公交车就来了……

那么，我们该如何减少"沉没成本"对我们的影响呢？"坚持还是放弃"是非常困难的选择，但是也有一些基本原则作为参考。

比如，当成本已经收不回来的时候，需要果断放弃"沉没成本"。有很多大学生有这样的问题，想要选择本专业的工作，又觉得不是很喜欢；但是选择非本专业的工作，又觉得自己浪费了四年时间，非常舍不得。

这种情况下，如果确实不喜欢自己学的这个专业，就不用过多留恋，因为无论自己做什么选择，"大学四年"的投入都不能改变。否则，只会让自己继续在不喜欢的领域多投入几年，反而浪费了更多时间，以及造成额外的焦虑和痛苦。

必须明白的是，对于不喜欢的事情，我们是不可能全心全意去做的。因此，也不可能把它们做得多好。与其在不喜欢的领域浪费生命，不如早早放弃。我们也会因此有机会把时间和精力投入其他领域，探索自己的可能性。当注定要损失时，将损失降到最低就是获益。

▶ 冲动是魔鬼

失去理智，定受惩罚

"愤怒会让人失去理智"，人们处于愤怒状态时，往往会做出非常偏激的行为。在这种状态下，他们的想法常常不是基于事实，而是更多地基于主观臆测。而这也是有许多科学依据的。

医学杂志《神经科学前沿》（*Frontiers in Neuroscience*）发表过一篇关于小白鼠在愤怒时大脑变化的研究。他们发现，在经常发生打斗的小白鼠的大脑中，大脑灰质的含量更少，同时海马体开始形成新的神经细胞，而且这些新的神经细胞会增强小白鼠的攻击性。

另外，经常发生打斗的小白鼠也表现出更高的焦虑水平，经常出现反复的行为举止，与其他小白鼠的沟通能力也明显下降。

而其中的部分大脑灰质与思考能力有关，海马体则跟记忆能力和社交能力有关。也就是说，当处于愤怒状态时，我们不仅会变"笨"，而且容易迁怒他人。

愤怒和悲伤等负面情绪都会让人发生"思维窄化"现象，容易让人们在看事物时添加非常多的个人价值判断。愤怒会让人变得激进，看不见风险；而悲伤会让人变得极为保守，过分在意细节。

而我们在这种场景下做出的决策，往往不是出于自己的真实想法，更多的是一时"情绪化"的决策。可能过后一清醒就会后悔。

所以，如果想让自己少犯错误，最好不要在愤怒时做决定。虽然我们不可能绝对理性，但是可以不在情绪波动较大的场景下做决策。当我们阅读那些充满情绪的文字时，更要小心里面的"情绪陷阱"。

现在有很多言论和热点都是在利用大众的情绪和善意。传统媒体报道某个事件，要通过大量采访、实地考察才能够写出一篇客观的文章。而当前的一些自媒体往往并没有了解实情，只是基于道听途说的只言片语和自己的想象"创造矛盾"，利用人们的情绪和善意，诱导大家关注和"点击"。

也正因如此，很多网络上的热点会出现"反转"及"反转之反转"的情况。

所以，我们在看到各种热点新闻的时候，一定要记住一个原则，那就是"让子弹飞一会儿"，一来可以让自己避免因情绪过激而成为谣言的助推者，二来可以等待更多的证据浮出水面，三来可以向多方求证。

其实大多数谣言和出现反转的热点新闻，往往有一个共同特点，那就是"一家之言"，只是某个利益相关方的一面之词，而其他相关方还没来得及澄清，可能已经被大家骂得不成人样。

因此，我们面对各种热点新闻时，一定要保持基本的冷静，避免被擅长文字的人操控情绪。

◆

第十三章

表达的逻辑

让别人知道你到底想说什么

———————————————◆———————————————

　　"一千个读者心中有一千个哈姆雷特"，每个人看待事物的角度都会因为自己的经历和知识面而有所侧重。有时候，我们与他人的观点甚至是对立的，如果得不到较好的协调，就很容易造成双方的争论。那么，我们如何才能更好地理解他人，也让别人更好地理解我们呢？

———————————————◆———————————————

表述的利器 ◂

金字塔原理

　　我小时候学习做菜，妈妈每次都会告诉我要加适量的盐，然而我并不知道这个"适量"到底是多少；而现在有些人向我们强调要提高逻辑性，强化思维，然而我们也不知道具体怎样做才对。

　　可能很多人都看过芭芭拉·明托（Barbara Minto）关于提升逻辑能力的《金字塔原理》，不少人也反映这本书有点儿"难啃"，看得"云里雾里"。

　　实际上，并不是我们的理解能力不足，而可能是因为作者缺乏生活化的举例，而只是用专业视角去阐述，没有考虑到读者的知识背景。我对芭芭拉的《金字塔原理》进行总结时，使用了生活化的例子，并适当将文字轻松化。

　　1. 什么是金字塔原理

　　金字塔原理是一种重点突出、逻辑清晰、层次分明、简单易懂的思考方式、沟通方式和规范模式。金字塔原理的基本结构是结论先行，以上统下，归类分组，逻辑递进。先重点后次要、先总结后具体、先框架后细节、先结论后原因、先结果后过程、先论点后论据。

　　2. 为什么要用金字塔原理整理逻辑

　　按金字塔原理沟通能够达到的效果：观点鲜明，重点突出，思路清晰，层次分明，简单易懂，让受众有兴趣，能理解，记得住。

　　3. 怎么构造金字塔结构

　　搭建金字塔结构的具体做法是：自上而下表达，自下而上思考，纵向总结概括，横向归类分组，序言讲述故事，标题提炼精华。

讲完上面的概括性内容，接下来就针对以上内容具体地展开叙述。我们说话、写作、整理问题的过程，为什么需要使用金字塔原理呢？

人类很早以前就认识到需要对事物进行规律化分类。大脑也会自动将事物以某种形式组织起来，基本上，大脑会认为同时发生的任何事物之间都存在某种关联，而且会将这些事物按照某种逻辑模式组织起来。

举个例子，古人眺望星空，看到的星星并不是孤立的，而是通过自己的意识将它们整合成了"北斗七星""狮子座"等有规律的整体。

前文提到过，人的认知资源是非常有限的。我们随便往一个地方瞥上一眼，大脑得到的信息量就超过了 1G，这对物理容量有限的大脑来说，是一种非常大的负担。

在长期的进化过程中，大脑学会了如何用最少的能量获取信息，慢慢地，大脑开始自动对事物进行分类和组织，以减少无用信息的干扰。

如果我们在传递信息的过程中语无伦次，废话连篇，就会对受众的大脑造成更大的信息处理负担。

我们在写作过程中也要考虑到读者的认知资源的有限性，在阅读过程中，读者的认知资源一部分要用于识别和理解读到的词汇，一部分要用于找出行为逻辑关系，还有一部分要用于理解文章所表达思想内涵。

而且这种资源的分配，每上升一个层级，所剩下的资源量就更少。如果我们的语言文字表达在前两个层级上就耗费了读者大量认知资源，那么他们就很难知道我们想要表达的思想内涵了。

一个复杂的表述会让读者不知所云，举个例子：

即使女员工能与男员工获得同工同薪的待遇，女员工的处境可能比以前差——与现在相比，女员工和男员工的平均收入差距将不会缩小，反而会越来越大。

对雇主来说，同工同薪是指为相同的岗位或工作价值支付相同的报酬。

采用任何一种解释都意味着驱使雇主为自身利益采取行动；或者通过多雇佣男工抵制限制性政策。

这段话传递了五种思想，却因为没有清晰的逻辑，让人觉得理解起来非常困难。我们很难从随后接收到的信息的所有特征中，寻找到与前面信息相同的特征。

人一次能够理解的概念和思想的数量也是有限的。美国科学家乔治·米勒（George Miller）认为，大部分人的大脑短期记忆无法一次容纳 7 个以上的记忆项目。虽然这个理论存在一定的不足，但是也解释了一种客观存在的现象。当大脑发现要处理的项目太多时，就会将其归类到不同的逻辑范畴里，以便于记忆。

我们在上学的时候，经常会用到大括号分类法。将复杂的知识分类到同一个板块知识下面，将十余个项目划分为三个大项，让自己思维的抽象程度提高，产生塔式链接，更容易记忆。这实际上也是用到了金字塔原理的基本思想。

▶ 利器出鞘

如何利用金字塔原理

金字塔原理最实在的功能在于降低受众的认知成本，提高我们想表达信息的转化率，在形式上让自己的逻辑更清晰、更有条理性。

那么怎样才能够更好地驾驭这个工具，让别人更好地接收自己的信息，实现说服别人的目的呢？

1. 背景交代

前文提到的心理学实验"看不见的大猩猩"已经证明，人的注意力是非常有限的。大脑有一个自发的"过滤器"，会将无用的和非常熟悉的知识过滤掉。

如果说我们没有在一开始就明确要讲述内容的方向，受众就需要花费更多的精力在多个方向获取信息，使他们增加很多认知成本去理解没有用的信息，难以提高信息的转化率。

如果我们一开始就交代了要讲述内容的背景，受众就会在认知上减少发散的方向。比如，我们看到一张一群学生在教室里的照片，如果看照片前被人提问里面有多少个男生，我们看照片时就不会去关注照片中桌子的颜色和教室里的黑板报；如果等我们看完照片问我们照片中的教室有多少扇窗户，我们大多数人是答不上来的。这种预先性提问，就是通过问题背景自动过滤了很多与主题无关的信息，从而降低受众的认知成本，提高信息转化率。

2. 顺序讲解

请看下面三组信息。

1234567890123456789

8426795135894671023

145236978X31486529

以上三组信息中，我们更容易记住哪一组呢？我们更容易接受哪一组信息呢？

其实，思维的过程就是对信息的接收、加工整合、储备和表达的过程。通过上面的例子，我们可以大概明白：清晰的思维模式，实际上就是将信息进行排序和规律化，降低受众的认知成本，让信息得以更好地传达。

人的注意力是非常有限的，大脑喜欢有层次、有规律性的东西。我们的表达要有一定的层次关联。按照金字塔原理，表述有以下四种逻辑顺序。

演绎顺序：大前提，小前提，结论。

时间（步骤）顺序：第一，第二，第三。

结构（空间）顺序：远近，高低，大小。

程度顺序：最重要，重要，次要等。

至于选择哪种类型的逻辑顺序来表达，取决于我们在组织思想时的分析过程。要想写出条理清晰的逻辑结构，我们需要在构思的过程中清楚地理解所要阐述事物的内在联系，进而使逻辑结构更有效。

3. 结构性分析问题

我们解决问题的一般流程如下：

收集信息→描述发现→得出结论→提出方案

然而，这种解决问题的办法实际上是非常低效的，在"收集信息"和"描述发现"环节中，高达 60% 的工作是无用功，得出来的结论往往也非常空泛，没有实际性帮助。后来，很多信息咨询公司发现，最行之有效的办法是在收集信息前对问题进行结构性分析，流程如下。

提出假设；

设计流程，沙盘推演；

分类处理，得出结论；

得出相应的对策。

也就是说，我们在整理自己的思路、构思解决问题的内容时，先不要着急去收集信息，而是先对问题做假设，通过假设去寻求有用的信息，降低信息的收集成本。

比如，当我们学习低效的时候，首先应该采取的措施是提出问题：是什么造成了自己的低效，先纵向比较自己不同时期的表现，再横向比较他人与我们是否存在同样的问题，进而得出一种反馈，提出假设，再去采集信息，并且采取措施进行补救等。

很多改变的失败源于没有理论指导。好的理论在于其指导性和可操作性，而金字塔原理就是一个具备这些特性，可以有效解决问题的理论。

结论先行

让别人明白你想说什么

我在网上看到过这样一段文字。

最近我女朋友老是很晚回家，问她去哪儿了，老是支支吾吾的，想翻看她手机，她总是很惊恐地抢回去。有一天晚上很晚了，她化着浓妆要出去，我骑着摩托车在后面跟踪她。忽然摩托车的烟管坏了，直接掉到了地上，我的摩托车是去年才买的，还不到一年，请问能保修吗？

这段文字就是典型的包含了很多无用的信息，对我们获取信息（最后的问题）造成了干扰。同样，如果想让对方更好地理解我们想要表达的意思，我们就要在表述时尽可能减少无用信息。

那么，怎样才能够让对方更好地理解我们想要表达的意思呢？

正如前述，想要让一个人更好地理解我们最想表达的信息，就不要掺杂太多无用的信息。信息多，虽然能够帮助我们更好地分析，但是没用的信息则会对我们产生非常大的干扰，就像我们以往考试的时候，如果有一个条件没用上，心里总是会感觉不踏实。

另外，我们还可以尽可能将核心观点写在最前面。这是因为，我们的注意力十分有限，即使是一节 40 分钟的课堂，我们也会分神很多次。在阅读过程中，我们注意力最集中的时候往往是在最开始，其次是在最后。

心理学研究证明，人在学习的过程中会产生前摄抑制和倒摄抑制，也就是最开始学习的知识会影响后面所学的内容，而最后学到的知识也会影响前面的内容。所以在学习过程中，一般记得最牢固的是最开始学的知识和最后学的知识。

当我们在识记一长段文字时，一般总是最容易记住这段文字的开头和结尾，而中间部分则常常识记较难，也容易遗忘。这是由于识记材料开始学习的部分只受倒摄抑制的影响，最后学习的部分只受前摄抑制的影响，而中间学习的部分则同时受这两种抑制的影响。

我们和别人沟通时，对方的时间可能非常有限，如果我们在一开始没能让对方知道自己的来意，对方会显得不耐烦。从效率方面来说，一开始就表明自己的核心想法比"把重要的放在最后说"更好一些。

如果我们想说服对方，就需要让对方对我们的话有足够的加工时间，至少我们要走进对方的注意范围，如果有机会，则在最后再强调一次自己的观点。

所以，我们也能经常看到一些人对自己的文章的观点进行分标题讲述。实际上就是将整篇文章分割为多个小部分。这样，分标题可强调自己的观点，即使对方不看正文，也大概能知道他们要描述什么。

同时，前摄抑制和倒摄抑制一般是在学习两种不同但又彼此类似的材料时产生的。我们将文章进行分标题讲述，人们会在潜意识里认为它们是不同的学习材料，这样更容易减少前面观点对后面观点的前摄抑制作用，也就更容易接受我们所讲的内容，从而达到我们想要影响对方的目的。

经验参照

为什么好的演讲者很喜欢举例子

我们在认识事物时，很大程度上都会参照以往的经验和知识，如果我们所学的知识又与自己密切相关，学习时就会更加有动力，也不容易忘记。

这在心理学上被称为"自我参照效应"。

也就是说，当我们所呈现的材料内容是对方身边熟悉的人或事时，更容易让对方记住它，从而提高这些信息的转化率。

从心理学的角度来讲，我们对新鲜事物的认识方式，都构建在已有的认知上，我们都倾向于接受自己能够理解的事物。因此，以对方熟悉的事物作为我们讲解的载体，很容易带给他人熟悉感和认知上的亲切感。

但是，熟悉的事物也往往会被大脑自动过滤掉，所以，我们也需要对熟悉的场景和知识进行适当地重新组合和内容添加，以激发对方对新事物的好奇心。

用熟悉的知识和场景讲解是为了增加好感，而加入陌生的知识和场景是为了激发好奇心。

这也是为什么部分广告选择用非常普通的小人物作为代言人，或者用超市与家庭聚餐作为场景来宣传其产品，其目的就是增加受众的熟悉感。

比如有一则洗衣粉广告，展示的是孩子在球场上玩闹之后将衣服弄脏，一位家庭主妇将衣服泡入含洗衣粉的水中、拿起来轻轻揉搓就洁白如新的场景。

我们对球场和家庭主妇再为熟悉不过，在心理距离上让我们感觉非常亲切，从而让我们对该产品产生好感，提高了信息转化率。

这都是利用与我们相关的信息来进行说服的范例。而我们也可以用这种方式来解释陌生的事物。

比如给小孩子讲解什么是蝙蝠。可能大多数孩子都没有接触过蝙蝠，如果我们这么表达："蝙蝠是翼手目动物，翼手目是哺乳动物中仅次于啮齿目动物的第二大类群，是唯一一类演化出真正有飞翔能力的哺乳动物"。孩子们肯定很难理解，一是因为孩子的抽象能力相对较弱，二是因为没有接触过蝙蝠，很难有相似的模板套入联系。但是大多数孩子都见过老鼠。我们如果告诉孩子"蝙蝠是带翅膀的老鼠"，孩子们可能就能够知道它大概长什么样，虽然不够准确，但是达到了传授这一知识的基本目的。

我们在写作中常用的类比论证，实际上也是一种"熟悉＋陌生"的解说过程。通过类比，我们能够让自己想要表达的观点变得浅显易懂。

比如有一次集体讨论，我讲到社会对抗关系的竞争性和互补性时，说"一山不容二虎，除非一公一母"，其他人一下子就明白了对抗关系的竞争性和互补性的前提条件是什么。

"熟悉＋陌生"的表达模式，能够让对方更容易理解我们的观点，也能够让我们的观点更加清晰。这样，双方讨论起来才能够更有针对性。

◆

第十四章

一些实战

看到事物的本质

世界是圆形的，但是有人敲碎了它，只给了人们一个三角形，那么很多人会认为世界原来的样子是三角形的。我们学习更多的知识，只是为了发现更完整的世界。也只有不断学习，我们才能在别人告诉我们世界是三角形时，拿起批判的武器。

▶ 存在的意义
人生是一场时间的旅行

记得以前看过一个故事，讲的是一个冒险家将攀登珠穆朗玛峰作为自己的人生目标，他最终完成了这个艰巨的挑战，并赢得了众人喝彩。

但完成最后的挑战之后，他感觉人生没有了意义，失去了生存下去的动力。

那么，人生的意义到底是什么？我也曾经为了这个问题失落了好几周，虽然之前也思考过无数次，但是那一次的感觉特别强烈。我于是开始查阅各种资料。

经过思考，我最后得出的结论是，人生的意义在于赋予，甚至说是没有意义，如果有，那也是我们让它变得有意义的。

现在我们思考这么一个问题。

你的女朋友或男朋友送给你一支不是很昂贵的笔，但是你会觉得它非常珍贵，会对这支笔有非常深的感情。假如有一天，有人在你不知情的情况下用一支一模一样的笔将那支笔调换了，你依然会对你拥有的笔有很深的感情，可是笔已经不是原来的那一支了。

笔已经被换了，为什么我们还会对这支被调换的笔有感情呢？

答案是我们给这支笔赋予了意义，它浓缩了我们的强烈感情，成为一种情感的载体，进而产生了意义。

同样，我们的人生也是如此。我们所处的社会和我们所接触的知识构建了我们的价值体系，这就像恋人送的笔，让我们对一些特定的事物产生了足够的感情，并对其赋予了意义，从而形成一种追求。

人生所谓的意义，是我们赋予自己行为的一种支撑。它是我们价值观的产物，而不是生命本来就具有的。意义的产生来源于我们对事物的认知及其关联的构建。

有部电视剧里面有一个角色。他认为他活着的意义是为了效忠他的王，即使他的王变坏，他依然没有改变自己的看法。

因为他害怕承认自己的错误，害怕自己所做的事毫无意义，所以他宁愿一直效忠已经变坏了的王，也不愿意面对人生失去意义。

在这里，他所谓的意义是他自己赋予自己的，为的是支撑自己的行为。他将自己的行为关联了"天命"，即实现了载体与意义的结合，以让自己的行为有足够的理由。

人一直都是害怕不确定性的动物，就像我们的祖先看到草丛在动，无法判断是否有狮子就会不安，我们也害怕自己行为的不确定性，如果我们的行为没有一个指定的程序或目标，我们也会产生非常强烈的不适应感。

很多人在高中的时候，对高考赋予了很重的意义，对高考极度看重，而且也能够认同自己的努力，即使偶尔会疑惑自己为什么那么努力，也会因为环境带来的紧张感而减少这种疑惑。而高考结束后，我们赋予它的意义就消失了，进而让我们的行为没有了支撑。

如果没有及时寻找到新的支撑，也就是赋予新事物一个不一般的意义，那么我们很可能就会陷入质疑——我做这些有什么意义呢？而在这种情况下，我们往往会选择最省劲的行为模式——打游戏，看小说，睡懒觉等。

如果别人用一只更年轻可爱的"哈士奇"想换我们养了十几年、年迈甚至带病的"哈士奇"，我们是不会同意换的，因为我们对这只狗产生了感情，它成了一种意义的载体。但是，如果让一个不知情的人二选一，我想大多数人都会选择年轻可爱的那只吧。

到目前为止，我也还没有确定自己的人生意义，也没有发现特别值得赋予意义的事物。但是我的价值体系让我明白，快乐是很简单的一件事，意义是自己给的，而价值也是自己创造的，所以，在图书馆看一天书比躺在床上睡懒觉给我的快乐多得多。

我也很喜欢英国浪漫诗人威廉・布莱克（William Black）的一句话："辛勤

的蜜蜂，永远没有时间悲哀。"与其不停地思索人生的意义，不如让自己在体验中获得。

让自己忙起来，也是良药。

社会圈层 ‹

如何更快进步

这些年有一个话题非常热门：成长进步的难度越来越大。资源的流动性变缓慢，能够靠奋斗实现快速成长的人越来越少。

当我们发现自己的努力得不到应有的回报，看不到自己的付出会有什么结果时，不管是谁，都会感到不安。

中国在改革开放的前 20 年，社会资源的流动性是非常高的，但是随着市场的成熟，资源的流动产生了一些阻力。

那么，我们该如何才能让自己更快实现成长呢？我们可以从下面的一些角度进行探索。

1. 有无增量基础

雪球越滚越大之前，必须有一个小雪球；"星星之火，可以燎原"，其前提是有一个火点。同样，自身要想得到发展，也必须有这样的增量基础，通俗地说就是，要有足够的本钱。

有的富人之所以能够轻易赚钱，可能不是因为他们的能力比我们强，而是他们有增量基础，比如父母已经帮他们滚好了"小雪球"，他自己只要再轻轻动动手指就能够让雪球自己滚下去，慢慢变大。

当一个人有 5 亿的资产、想要做投资时，会有很多基金公司和私募公司找上门，告诉他投资什么企业和领域能够赚钱，基本不用自己费心。

而大多数人想要得到跟他们同样的发展机会，要比他们多一个前提条件——自己先有足够的本钱。当自己拥有足够的增量基础时，才能够吸引和交换相应的资源。

2. 错以为努力与回报是线性关系

1.01 的 365 次方等于 37.8，0.99 的 365 次方等于 0.03，其中 365 次方代表一年的 365 天，1 代表每一天的努力，1.01 表示每天多做 1%，0.99 代表每天少做 1%，365 天后，一个增长到了 37.8，一个减少到 0.03。

这种计算方式是不是看上去很有道理呢？其实，这就像"离高考还有 100 天，每天只要进步一分就可以了"的想法一样，有这种想法的人没有弄明白努力与回报之间根本没有确定的关系。

两者之间的关系只能说"有规律，没定律"。所以，不要靠这些简单的运算去计算自己的努力会带来多少回报。

3. 市场回报率不等

不同的市场会有不同的市场回报率，最开始改革开放的时候，市场流通性差，这个时候承担商品交换的"中介产业"回报率最高，之后是股市的回报率最高，再往后是房地产市场。

毋庸置疑，前几年体力市场的回报率一直是低于知识市场的回报率的。但是，现在来看，知识市场的竞争过于激烈，反而造成了体力市场的稀缺，开始出现反转。

不同的领域在不同阶段有不同的回报率。托马斯·皮凯蒂（Thomas Piketty）在其著作《21 世纪资本论》中写道：在近代社会发展的初期，劳动回报率高于资本回报率，但是现在的情况是资本回报率高于劳动回报率。

因此，在合适的时间选择合适的发展领域非常重要。

4. 稳定的反身伤害

在进化中，最容易被淘汰的物种是那些生活在长期稳定环境中的物种，比如，澳大利亚因为大陆漂移远离泛大陆主体，所以很多物种进化得比较慢，而且很容易因为突发事件而导致物种的灭绝。

很多人因为想要稳定而失去了竞争力。所以，如果我们一开始就选择没有难度的工作，缺少足够的历练，就会因为生活过于安逸而使竞争能力退化，那么就很难有向上的提升空间。

即使山顶的草，也比平地里的白杨站得高，因为它生下来就站在了山顶。起点在一定程度上影响了自身的高度，但并不代表这无法突破。知道了自己的处境后，大家可以自己去想怎样破局。下面我也提供一些自己的想法。

1. 利用资源的转换性

社会体系的构建最基础的组成是资源交换规则。就像能量能够从热能转化成风能，动能可以转化成电能一样，资源也存在这种不同维度的转化，你能够用自身的知识转化成财富，也可以用财富增长阅历。

之所以会有"知识改变命运"的说法，实际上是因为知识和学历能够作为与他人进行资源交换的基础。至于能不能实现，能够交换成什么资源，则需要看知识的深度和广度，并且要结合个人的主观能动性。总之，要想更快进步，就至少要有一样可以拿出去交换的资源，这个资源当然可以是足够专业的知识等。

凡是稀缺的，都是有价值的。几乎每一个能够长存的企业，都是因为他们能够给人们带来价值。反之，如果我们不能给社会和他人带来价值，那么就很难维系自己的生存。

2. 提升自身格局

曾经有一个人向画家门采尔（Menzel）抱怨自己一天画一幅画，但一年都没有卖出去一幅。门采尔给他的建议是"倒过来"：用一年的时间去画一幅画，这样就可以一天之内卖出去。

同样，想要获得更多的资源，也不能急功近利。我所认识的很多人之所以失败，并不是因为自身能力不足，而是他们因为看不到结果而不愿意坚持，结果错失了市场。

有的人四处求助如何考高分、如何快速升职之类的，但其实他们并不是不知道如何做，只是觉得那些"笨方法"很慢，看不到即时的成效。

只有站得更高，学得更多，才能够看得更远。

磨刀从来不误砍柴工，弄懂并且利用好这个世界的运转规律，才是改变自己处境的最好办法。

3. 寻找增量市场

学过金融的人都知道泊松分布曲线。泊松分布曲线是诸多事物发展的规律曲线，从很低的起点开始发展到一个最大值，再慢慢衰减。

泊松分布曲线在市场上的应用就是划分市场的增存缩关系。增量市场看运营，存量市场重质量，缩量市场做垂直。其中，当一个市场处于市场增量阶段时，是最容易盈利的时期，只要找到这个市场，在早期往往可以"躺着赚钱"，而后来者往往就没有这种好运。

这就像有人要过河，看到鳄鱼集中在一侧，于是从另一侧游过去，鳄鱼看到后迅速游过去，这个时候你想重复前面游过去的人的路径过河则很难实现。

所以，当我们看到已经有媒体鼓吹一个行业时，要意识到，这个市场可能已经被占领得差不多了，再去涉足可能会得不偿失。

4. 寻求节点

很多明星在出名之前实际上已经做过很多年跑龙套的工作，但是做得足够多了，只要其中一个作品出了名，那么他就会成功。那个使他成功的事件，我们称之为节点。

这实际上就是彼得·蒂尔（Peter Thiel）所认为的事物发展"从 0 到 1，从 1 到 N"的过程。自己的所有努力在初期很难看到明显的起色，因为这个过程的积累是无中生有的过程，非常艰难。但是当自己完成了一定量的积累，碰触到一个节点，那么这个"1"就会像奇点一样发生爆发式发展。

很多人强调，如果想要在一个领域有所建树，需要在这个领域持之以恒地耕耘。实际上，这就是在强调原始量的积累。不过更好的办法是提高自身的能力水平，因为自身的能力水平足够高，可以极大地提前碰触到这样的节点，甚至创造这样的节点。

5. 克服关键限制因子

把东西忘在房间里了，不用怕，我们有钥匙；但是把钥匙忘在房间里了，这种情况可就麻烦得多了。这里的"钥匙"就是指关键限制因子。

德国化学家尤斯图斯·李比希（Justus Liebig）通过研究化学物质对作物产量的影响发现，各种作物的产量通常不是受它大量需要的营养元素的限制，而是受那些它需要的微量营养元素的限制。我们称这种限制条件为关键限制因子。在具体生态关系中，对不同的情况，关键限制因子不同，限制我们发展的关键限制因子可能是自己的短板，也可能是自己的长处。比如你要高考，那么你的弱势学科就是你的关键限制因子；又比如虽然你数学很强，但是你要通过数学竞赛获得保送资格，那么数学就是你的关键限制因子。

想要得到更好的发展，需要弄清楚自己真正要的是什么，并且分析、确定自己的关键限制因子，从而更好地去减少它对自己发展的限制，在自我完善的过程中，不断打破其带来的瓶颈。

▶ 认知局限

读了那么多书，为什么无法改变命运

这两年关于阶层固化的话题层出不穷，有的时候我觉得它就是一个大箩筐。虽然这种现象确实存在，但是很多人借着这一现象行反智之事。其中，最让我感到无语的观点是"寒门难出贵子，读书没有意义"。

世界上并没有能够包治百病的万能药，生活中也没有什么东西能够让我们一劳永逸。在读书这件事情上也是如此。读书可能不会改变你的命运，但是不读书却注定要被这个越来越智能化的社会淘汰。

读书之所以能够改变命运，是因为读书能够帮助我们降低做事的试错成本和犯错的概率。语言学家布鲁姆（Bloom）说，"（读书）能够获得关于世界的二手信息，它具有的明显优势之一就是避免浪费时间以及减少充满危险的尝试过程。"

犯错概率低，成功的概率就大了；试错成本低，收益也就高了。为什么富二代们更容易成功？是因为他们的资本够多，损失几次的成本可能也只是九牛一毛。但是对能力之外资本为零的人来说，一步错往往会损失全部身家。富二代们通过成本的堆积去维系自己的阶层，而对普通人来说，必须通过读书获取前人的经验，通过降低试错成本来增加成功的机会。

另外，很多人之所以一辈子一事无成，是因为他们无法利用书中的经验，只能用自己的生命不断地摸索。当自己摸索到能够让自己改变的理论和经验时，绝大部分人已经不再年轻，在精力上跟不上，极少人能大器晚成。

人的生命是有限的，不可能每件事情都去尝试，而知识本身又是具有传承性的，我们通过读书获得关于世界的间接经验，很多事情不用尝试就可以知道正误和好坏，进而规避风险。

书的本质是前人经验和实践的载体，这种载体能够帮助我们更好地看待世界，并且做出超过前人的成就。正如牛顿所说："我之所以能够看得更远，是因为站在巨人的肩膀上。"人们正是通过对前人经验的利用获得个人的成长，并使人类文明进一步发展，从而让个体和知识有更大的发展，推动整个社会的进步。

当然，我们也要考虑到，"读书改变命运"并不是在每个人身上都能实现。有的人读了一辈子书，并没有改变自己的命运；而有的人读书不多，却成功跨越了自己的阶层。为什么会产生这种现象呢？

蔡垒磊在《认知突围》中给出了答案。知识分为四个层次：信息知识、加工知识、体系知识和智慧。有的人读书停留在了信息知识的层面，他只是对知识有所了解；有的人读书深入一点，能理解和加工知识；而有的人能够将书中的知识系统化并用来解决生活中的问题，产生了智慧。

我认为"读书能不能改变命运"的关键在于以下三点。

1. 懂得看好书

想要真正有效地获得知识，关键是学会甄选好书。

那么，怎样的书才能算是好书呢？一本好书最应遵循的原则是奥卡姆剃刀原则——"如无需要，勿增实体"。一个好的理论，其假设和前提越少越好，适用的范围越宽越好。一本好书也是如此。

读书也有局限性。读书的局限性之一源于读书所得的知识和经验是间接的和二手的。学过传播学的人都知道，因为每个人的理解不同，信息在传递过程中会被扭曲，传递的层级越多，信息被扭曲的程度会越大，以至于最初的信息与接收到的信息存在极大的差异。

读书的另一个局限性源于经验的历史性。书都是一定时间、一定条件下的产物，时代改变了，环境条件改变了，有的书适用性可能就不那么高了。正如老一辈人的一些经验和建议对我们没有多大用处一般，因为他们的想法也是历史的产物。

前提越多的理论越难产生价值，前提越多且不现实的书越没有意义。一些书之所以能够成为经典，是因为他们能够突破历史的局限，并且其经验能够适合足够大的范围和领域。除此之外，阅读经典书籍也能够获得知识最初的样貌。

如果读了坏书，把对世界的认知变成个人的想象，把自己调教成一个自我中心主义者，幻想着世界围绕自己转。有了这种错误的"主角光环"感受，当不如意时，他们会说"错的是这个世界"。我想这部分人才是说出"读书没有意义"的人吧。

2. 通过大量学习构建知识体系

对知识体系的构建过程，也是发现每个知识的局限性的过程。任何理论都有前提，三角形内角之和等于180°的前提是欧式几何，在黎曼几何中便不成立了。如果没有足够的知识，你便无法知道一个知识的局限性，将这样的知识用来指导生活，会很容易导致失败。

我们在生活中需要解决的问题向来是立体或多维的，如果我们的知识不够丰富，在解决问题的过程中就难以做到游刃有余，也更容易产生错误。想要很好地用知识来解决生活中的问题，我们需要构建起完整的知识体系。

要想构建知识体系，我们需要读大量的好书。正所谓单调不成乐，单木不成林，单人不成群。如果我们的知识不够丰富，就无法构建完整且有支撑性的知识体系。

心理学家奥苏贝尔（Ausubel）认为，在学习新知识时，如果我们的认知结构中对其有一定的概念，会让我们的学习更有意义。换句话说，当我们有一定的知识基础后再去学习，学习难度会降低很多，学习的东西也更有意义。

为什么有的人学习东西更快，理解能力更好呢？一个重要原因是他们的积累已经让他们产生了一个理解的框架，当接触新的知识时，在这个框架的帮助下，他们能够很快将知识分类和消化。

同样，想掌握更深层次的知识，也需要构建这样的框架。当知识足够多时，我们可以通过对知识的比较来发现差别，进而构建一个更完整的认知。比如，一个知识告诉我们地球是"三角形"的，另一个知识告诉我们地球是"四边形"的，即使我们还是无法还原事物的样子，但是我们已经知道事物可能存在多种形态，进而帮助我们更好地认知事物，减少犯错概率。

3. 在实践中升华为智慧

知识与智慧的差距在于实践。知识能够帮助我们理解现象，帮助我们更好地看待问题，而智慧能帮助我们解决问题。但是很少有人能有这种意识，所以无法将知识转化成智慧。

有一次我们几个朋友骑单车经过一个上坡时，有一位朋友东倒西歪地骑着，我们以为他筋疲力尽了，但是最后他是最先到达坡顶的。后来才知道，他是在运用初中的知识：骑车上坡，S形路线最省力。这就是知识带给我们最直观的意义，但很多人并没有活用知识的意识，只是把知识当作要在试卷上填写的内容。

缺乏实践的知识是空中楼阁，即使是曾经可以奉为圭臬的知识，如果不加以改进也会被社会淘汰。智慧一定是自己经历过后才产生的，绝不是单单读了书就有的。

这种意识的培养，可以来自一次知识转化为智慧的体验，这种"顿悟"会让他们想把更多的知识变成智慧；也可以来自刻意练习，当遇到一个知识时不断寻找它的使用条件，并且想出这个知识适用的场景。

总之，从书中得到的知识是对世界间接的认知，而实践是对世界直接的改造。知识并不是没有用，而是很多人不懂得怎么用，不懂得如何打破知识的局限，更缺乏将知识转化成智慧的意识。

失败的人各有各的原因，而成功的人总是那么相似，他们在对学习和读书这件事情上拥有比常人更大的热情，更懂得将学习和读书得来的知识应用于实践。

▶ 伪科学的新衣

为什么有人相信星座

　　曾经有个女孩子向我咨询，说自己是白羊座，而男朋友是天蝎座，他们的星座不合，但是自己很喜欢这个男孩，所以自己很纠结、很难过，询问我她该怎么做。

　　我对此哭笑不得。我一直以为星座顶多是一些人在与陌生人交流时打开话题的"小玩具"，没想到竟有那么多人对此深信不疑。

　　实际上，星座在一开始是用于描述星体位置的，和个体性格并无瓜葛，但是一些占星师利用了人的心理特点，强行把星座与人的性格和命运相关联。

　　人倾向于通过归类认识事物，进而方便对世界、对他人的认知。想了解一个人其实非常困难，需要消耗非常多的时间和精力。大多数情况下，大家都不会这么做。

　　而星座性格分析就迎合了那些想要了解别人又不愿意投入太多精力的人。只要知道一个人是什么星座，就能找到他的"标签"，让我们感觉自己对其"很了解"。

　　但实际上，这也是产生偏见的最大原因。

　　星座性格分析之所以那么受欢迎，实际上是利用了我们想简化对事物认知的心理惰性。除此之外，它也有其他伪心理学的特征。那么，这些伪心理学利用了哪些心理学知识，并让人们深陷其中呢？

　　心理学家伯特伦·福勒（Bertram Forer）通过实验证明了一种心理现象：大多数人很容易觉得一个笼统的、一般性的人格描述特别适合自己。即使这种描述十分空洞，许多人仍然对其深信不疑。

福勒于 1948 年对学生进行了一项人格测验，并让这些学生给测验结果与自己特质的契合度评分，最低 0 分，最高 5 分。事实上，所有学生得到的"个人分析"都是相同的。

你祈求受到他人喜爱，却对自己吹毛求疵。虽然人格有些缺陷，大体而言你都有办法弥补。你拥有可观的未开发潜能，尚未发挥你的长处。你看似强硬、严格自律的外在掩盖着不安与忧虑的内心。

许多时候，你严重质疑自己是否做了对的事情或正确的决定。你喜欢一定程度的变动，并在受限时感到不满。你为自己是独立思想者而自豪，并且不会接受没有充分证据的言论。但你认为对他人过度坦率是不明智的。

有些时候你外向、亲和，充满社会性，有些时候你却内向、谨慎而沉默。你的一些抱负是不切实际的。

结果这些学生的平均评分为 4.26 分，也就是说，几乎所有人都认为这些描述跟自己的性格特质基本吻合。

那么，我们为什么会相信这些空洞的描述呢？这在原理上与前面提到的"验证性偏差"有些相似。

当一些人说你吹毛求疵的时候，你就开始在脑海中寻找自己吹毛求疵的场景——我们的生活场景那么多，总能找到一个与之匹配的场景，进而"自己感动自己"，觉得对方说的好有道理。而单凭少数的场景就断定自己有这样的倾向，实际上只是主观的验证。

除此之外，我们会发现，这种描述有非常多的赞美词语，而这就涉及我们对赞美和认可的需求了。

一些心理学实验也发现，即使人们能够发现别人对自己的赞美是"谄媚"，其多巴胺回路依然会被激活，而且对那些"谄媚"者的人格评分普遍高于普通人。也就是说，即使我们知道对方对我们的赞美是谎言，我们还是会选择相信。

　　总之，伪心理学之所以能够大行其道，一个很重要的原因就是大家不愿意花时间去思考事物背后的真正原因，只想走捷径。然而，这些"捷径"却让我们背离了所要的事实。

偏激的言论

为什么很难看到客观的真相

我们经常会在网上看到一些情绪满满、明显错误的言论，却被很多人认可和转发，为什么会出现这样的情况呢？

心理学家罗伯特·瓦隆（Robert Vallone）、李·罗斯（Lee Ross）和马克·莱珀（Mark Lepper）等人曾经通过一项研究发现，即使媒体尽可能客观地表述一个冲突事件，比如播放一个群体冲突的视频，各个立场的人也大都认为媒体的表述是偏向于自己的对立方的。这也被称为"敌意媒体效应"。

换句话说，那些带有明显立场的人能够引起一部分人的共鸣和强烈支持，而那些中立的文章则很难得到两个对立方的支持。

中立的文章即使得到一些中立方的支持，中立方也因为"事不关己"难以产生"同仇敌忾"的情绪，缺乏足够的凝聚力，这个群体发挥出来的合力非常小，也很少有动力去宣传这些观点；而那些明显带有偏激感情色彩的文章则能够激起一部分人的共鸣，形成非常大的合力，他们更愿意去转发和宣传这样的观点。

所以，很多事件并不是没有客观的分析，而是中立的观点更难传播开来。

所以，当我们看到一个明显错误的观点被疯传时，也不要以为很多人持有这种观点。实际上，只是相信这个观点的人群所形成的合力非常大而已。对于一个盛行观点，如果我们知道它存在明显的问题，却因自己是少数派而不敢轻易发言时，就会产生传播学的另一种效应——"沉没的螺旋"效应。

德国舆论学家伊丽莎白·诺埃尔·纽曼（Elizabeth Noel Newman）认为，长期处于舆论信息中的人会慢慢培养出一种准统计感官，也就是感知外界氛围的能力：他们能够觉察到媒体呈现出来的主流意见，并且这些意见会转化为个人对社会主要价值的认知。

随着主流意见在媒体上占据了与其相称的比例，持少数意见的人表达自己观点的可能性逐渐降低。相反，如果一个人感到自己的立场正在为公众所接受，他就会变得更加勇于表达自己。

当我们感觉一个观点被非常多的人赞同时，即使自己不支持，也不太敢表达出来，因为我们害怕被孤立，害怕被抨击甚至报复。而且大众群体在进行选择时，也存在趋同心理，会慢慢改变自己原来所坚持的观点。

比如老一辈人的理财观念是"节俭持家"，而现在的年轻人越来越认为"要对自己好一些"，甚至很多人认为"不会花钱就不会赚钱"。而后者的观点实际上更多的是因为很多商家为了刺激大众消费而进行的宣传，并最终形成了主流观点。所以，如果一个观点得到一小部分人的认可，而反对者不发声时，久而久之，就很少有人反对它了。

如果持理性观点的人不发声，那么一个偏激的观点就很容易成为主流。而我们也可能会慢慢改变自己的观点，和主流观点趋于一致。

磨掉的棱角 ◂

我们是如何变得平庸的

上小学的时候，妈妈告诉我北大和清华是中国最好的大学，我在思考是上清华好还是上北大好；初中的时候，我觉得自己努力一把还是有机会读重点大学的；到高中的时候，我只想努力考上大学就行。

相信这也是很多人的写照，他们在成长中慢慢发现，理想很丰满，现实很骨感，在一次又一次的打击中慢慢认清了自己，也找到了自己的位置。

但是，也有一些人逐渐走向另一个极端——习得性无助。

同样，面对生活的一次又一次打击，一些人也产生了"无助感"。他们在失败前就开始"呻吟"——"没希望的""我不行"。他们自怨自艾，不再去努力，即使真的有机会成功，他们也不敢去尝试，于是慢慢地走向了平庸。

在这种无助感之中，他们开始产生另一种消极的心理防御机制：他们试图证明自己的颓废是合理而正确的。这是走向平庸的第二步。

比如，我的一个朋友曾经抱怨说："我那么努力，成绩却那么差，努力还有什么用呢？"我当即反问他："你不努力的话，会比努力过得更好吗？"

后来，我跟他解释了我的看法。我们不应该拿努力的自己与不努力却学习成绩好的人比较，而是应该拿努力的自己和不努力的自己比较。前者只会让我们感到不平衡，后者则让我们看到努力带来的价值。

走向平庸的第三步就是急功近利。有的人对踏踏实实地努力没有兴趣，热衷于各种方法论，过度追求"效率"，甚至不惜以牺牲"质量"为代价。而且，过于追求效率也会让人们不愿意去尝试更多的可能性，因为他们害怕别的尝试会导致效率降低和犯错，进而陷入一种逃避困难的状态。

　　希望大家不只是为了生存而生活。希望多年之后，你能感叹"这就是我想要的生活"！

后记 | 对未来看得越清楚，行动越坚定

写到这里，这本书基本完成了。我在开心之余，也感到一些压力，因为我知道这本书还有很多不足之处。

马可·奥勒留（Marcus Aurelius）在《沉思录》中写道："我们听到的一切都是一个观点，而不是事实。我们看到的一切都是一个视角，而不是真相。"

这句话也适用于这本书。虽然我努力引用了尽可能多的、被证实的心理学研究支撑自己的观点，但这些心理学研究也具有一定的主观性，其结果不一定会完全符合我们生活的情况。另外，我也受限于自身的知识、经验、观念和思维模式，可能会出现一些偏颇的观点和理解。

因此，读者可以带着批判的思维读这本书。

我在读研的时候，课题组每周会开一次组会。当我听了别人的汇报，常常惊叹汇报者的描述之流畅，问题见解之深刻；而我的导师总是能够提出很多问题和建议，帮助汇报者完善自己的课题和研究。

这种体验让我明白了一个道理：我们学习的过程中，没有问题，往往意味着无知；模糊不清的问题，意味着我们对事物的认识肤浅；只有深入了解事物，我们才能提出清晰而准确的问题。

同样的，你看完这本书有什么问题呢？如果你没有发现问题，那么，我建议你再读一次，继续挖掘一些问题；如果你有模糊的问题，那么你可以带着这些问题多看看其他书，相信你会进步得很快；如果你有清晰的问题，那么恭喜你，你一定有很高的认知和思维能力。

　　如果你们指出这本书的不足之处，我也恭喜我，可以得到一些改进的建议。这不仅可以帮助我完善这本书，也可以帮我找到自己的思维盲区。

　　另外，我也要做一个"免责申明"。如果你看完这本书，生活依旧没有什么改变，那你可不能全怪我，更不能因此认为"读书无用"，因为，真正的改变是渐进的、积累的和持续付出的过程量，而不是一个念头就能带来的结果量。

　　我写这本书更大的愿望是，在你的心里种下一颗种子，渴望改变和成长的种子。而这颗种子能否发芽和长大，既需要时间和养分，也需要你付出持续的努力。对于这点，我也深有体会。

　　我比较喜欢跑步，有的时候膝盖会痛。后来，我通过学习了解到，跑步的时候膝盖痛，一般是跑步姿势的问题。我想慢慢调整自己的跑步姿势。

　　意识到问题是改变的关键一步；而我还要解决动机问题，即想不想保护膝盖；我还要解决技能问题，即能不能用对姿势；我还要解决习惯问题，即能否自发地用正确的姿势跑步；最后一个则是环境问题，比如，一开始跑得很别扭，被人笑话。

　　在其他事情上也一样，我们想要改变，都必须面对这些问题。而这本书的目的就是为了让我们意识到自身可能存在的不足，以及提供一些加强动机的方式和改变的技巧。但是，能否掌握技能、是否能养成习惯，以及能否应对环境中的问题，则需要个人持续地学习和行动。

　　每当我们解决一个问题，我们的生活质量也会得到一些提高。比如，我纠正了错误的跑步姿势，可以让自己四五十岁的时候，减少一些病痛的折磨；或者说你看到了自己性格上的问题，减少了几次与别人冲突的场景；又或者你找到了高效的工作方法，让你能够享受更多的休闲时间……

　　这也是自我成长最明显的好处。而这些都需要我们先发现问题，然后有意识地辅以技巧，持续地努力。只要我们能够发现问题，我们就能拥有进步的方向；我们对问题看得越清，就会对当下越坚定、越耐心。剩下的，则需要我们一步一个脚印，踏踏实实地去实现。

希望每一位读者未来的道路，都会随着努力和付出而变得越来越宽广。也感谢每一位为这本书付出努力的人，感谢每一位帮助过我的人。一切尽在不言中。

另外，很开心能够与人民邮电出版社合作，对《反本能》进行升级再版。

在第一版的基础上，我对书中一些可能引起歧义的内容做了删改，也对书中不完善的地方做了补充，对一些关键内容做了细化，并针对读者的一些疑惑重新写了后记。

最后，我希望这本书能给你带去新的认知和想法，帮助你少走一些弯路。